#dkkontrovers

Welche Form hat der Weltraum?

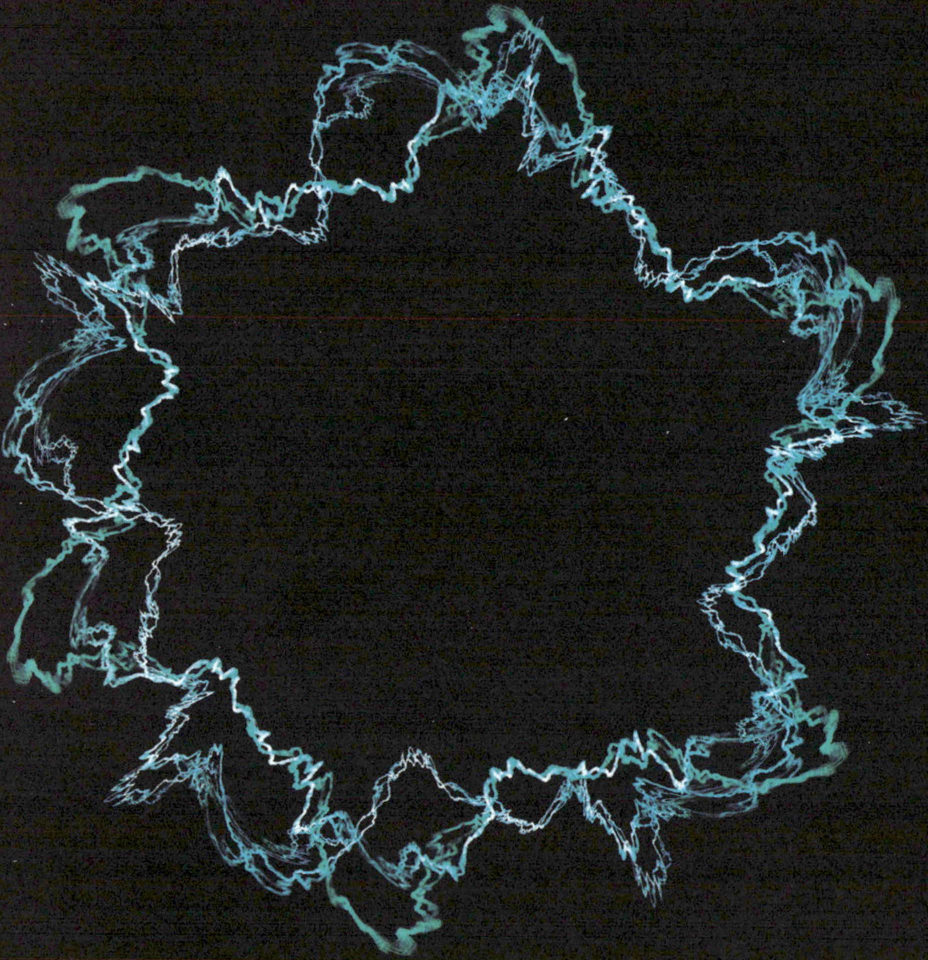

#dkkontrovers

Giles Sparrow

Welche Form hat der Weltraum?

Große Fragen des 21. Jahrhunderts

Über 200 Abbildungen

DK

Herausgeber:
Matthew Taylor

Inhalt

SCENO
SYSTE
COPER
ZODIACVS ET SPHÆRA STELLARV
CAN
CER
HYBERNA
SEMITA SATVRNI QVI TRIGI
VIA IOVIS SPATI
IVPITER
CIRCVLVS MARTIS DVORVM ANNORVM
ORBITA GLOBI TER
SOLSTI
BRV
ÆQVINOCTIVM
VERNVM.
SIGNA
SPATIO CIRCA
LVNA
SOLSTI
ÆSTI
SIGNA
LI
BRA
VERNA
SCOR
PIVS
SAG
TAR

Einleitung

ET CONSISTENS
TAV:
RVS
REVOLVITVR SATVRNVS
ANNORVM SE REVOLVENTIS
INTERVALLO SOLEM CIRCVM EVNTIS
ARI:
ES
AQVI NOCTIVM
AVTV MNALE
SOLEM CVRRENTIS
MARS
CAPRI
CORNVS

A

Dieses Buch versucht, eine vermeintlich einfache Frage zu beantworten – welche Form hat der Weltraum?

Diese Frage ist relevant. Was man als Form des Weltraums misst und interpretiert, schlägt unmittelbar auf die Kosmologie zurück – die Wissenschaft von der Vergangenheit, Gegenwart und Zukunft des **Universums**. Kosmologen prüfen alle Hinweise, wann und wie der Kosmos begann, wie weit er sich heute erstreckt und was mit ihm am Ende, in vielen Milliarden Jahren, passiert.

Universum *Ein* Universum ist zunächst einfach eine kontinuierliche, durchquerbare Region im Weltraum. *Das* Universum meint dagegen unser allumfassendes Universum, unsere Daseinswelt.

A Ein überbordender Sternhimmel hängt über dem monumentalen Very Large Telescope, dem auf dem Berg Paranal in Chile gelegenen »sehr großen Teleskop« der Europäischen Südsternwarte. Die Monsterteleskope fangen Lichtstrahlen aus den entferntesten Winkeln des Weltalls ein. Millionen, vielleicht Milliarden Jahre waren sie unterwegs und helfen uns, die Struktur und Form des Universums zu verstehen.

Bevor wir aber anhand der verschiedenen Beweise und der entsprechenden Theorien die mögliche Form des Weltraums nachvollziehen, müssen wir zunächst zwei Dinge genau verstehen: Was meinen Kosmologen, wenn sie von »Weltraum« reden, und wie kann der Weltraum überhaupt eine Form haben?

Wenn wir heute an Weltraum denken, haben wir wohl zunächst das Welt*all* vor Augen: eine unermessliche Leere, die über uns irgendwo dort beginnt, wo die Atmosphäre aufhört, und sich dann tief ins gewaltige Nichts hinein erstreckt. Die Leere, die Planeten und Sterne trennt und kaum etwas enthält.

Den Weltraum stellen wir uns als kalte, tintenschwarze Leere zwischen den Sternen vor.

Physiker und Kosmologen sehen das anders. Nach dieser Definition ist der Weltraum hier bei uns auf der Erde der gleiche wie der im tiefen Universum. Der »Raum« ist die geometrische Struktur, die uns den Referenzrahmen für Messungen gibt: Objekte belegen im Raum ein bestimmtes Volumen und beim Positionswechsel bewegen sie sich durch ihn hindurch.

Intuitiv fassen wir Raum dreidimensional auf. Von Objekten messen wir Höhe, Länge und Breite und verstehen so auch deren Bewegung: aufwärts und abwärts, nach links und rechts, vor und zurück. Wir verstehen, dass wir drei verschiedene Messungen machen müssen, aber welche das sind, bleibt Ansichtssache. Betrachten Sie und ich dasselbe Objekt in unterschiedlicher Orientierung, werden wir wahrscheinlich zu unterschiedlichen Definitionen kommen, in welche Richtung es hoch, lang und breit ist.

Übereinstimmen werden wir aber darin, dass die drei Messrichtungen im rechten Winkel, also 90 Grad, zueinander stehen müssen. Außerdem können wir uns auf einen Fixpunkt, den Ursprung, einigen, auf eine räumliche Orientierung und auf eine Maßeinheit. Jetzt können wir jeden Punkt im Raum anhand von nur drei Zahlen definieren, die wir messen können. Diese einfachen Prinzipien bilden die Grundlage der **euklidischen** Geometrie, nicht gerade das beliebteste Schulfach.

»Dimension« ist lediglich der wissenschaftliche Ausdruck für eine unabhängige Messrichtung. Demnach ist der durch die euklidische Geometrie beschriebene Raum dreidimensional. Wir könnten ihn mit genügend Fäden

Euklid Dieser griechische Mathematiker verfasste um 300 v. Chr. das älteste bekannte Lehrbuch der Geometrie, die *Elemente*. Darin stellte er zur Geometrie von Ebenen verschiedene Axiome auf, die auch für den dreidimensionalen Raum gelten.

A Dieser berühmte Holzstich aus einem Buch des französischen Astronomen Camille Flammarion von 1888 stellt die Astronomie als Abfolge von Entdeckungen immer komplexerer Universen dar.

B Euklids *Elemente* zeigen, wie anscheinend korrekte Aspekte der Wirklichkeit, wie die Geometrie, in der Sprache der Mathematik beschrieben werden. Heute wissen wir, dass die euklidische Geometrie nur eine Spezialform der Geometrie mit eigenen Annahmen und Grenzen ist.

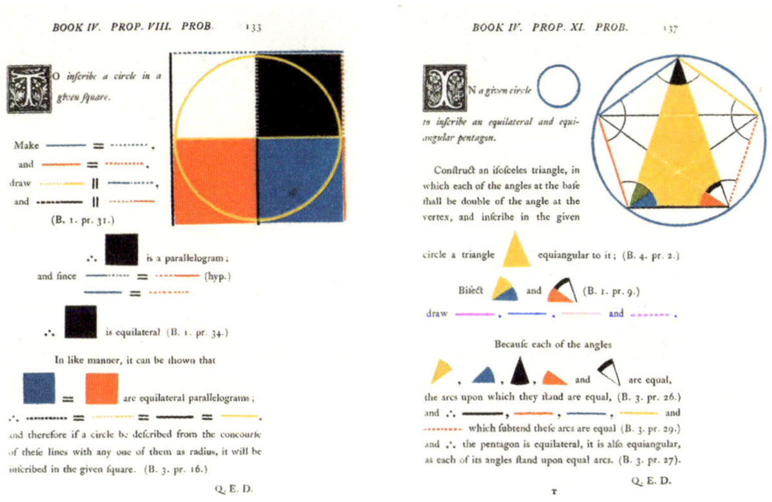

B

als endloses Gitter von Würfeln darstellen, wobei sich an jeder Würfelecke immer drei Fäden im rechten Winkel schneiden. Nach der euklidischen Theorie sollte dieses Gitternetz gleichförmig und unverändert bleiben, egal, was darin ist, ob Tischtennisball oder Planet.

Tatsächlich lag Euklid nur teilweise richtig – wirklich massive Objekte wie Sterne und Planeten verändern den Raum durchaus. Sie tun es deshalb, weil es noch etwas ganz Wesentliches gibt, was wir bislang ausgelassen haben.

Um zu verstehen, was wirklich vor sich geht, müssen wir nämlich wissen, was Weltraum noch ist: der Leerraum zwischen Sternen und Planeten.

A Eine Langzeitbelichtung fängt das langsame Kreisen der Sterne über den Nachthimmel ein. Kaum eine Beziehung zwischen Erde und All ist uns vertrauter als die charakteristischen Bögen der Sternbahnen.
B Diese Tabellen zur Planetenbewegung stammen aus einer arabischen Übersetzung (aus dem siebten Jahrhundert) des *Almagest* von Ptolemäus.

A

Lange in der Geschichte der Menschheit sahen selbst die Gelehrten keine Notwendigkeit, sich Lücken zwischen den Sternen vorzustellen. Was man mit dem bloßen Auge sah (anders ging es nicht), ließ verständlicherweise kaum einen anderen Schluss zu, als dass die Erde fest im Zentrum des Universums sitze mit um sie herum kreisenden Sonne, Mond und Planeten sowie einer Sternen-Außenhülle, die sich täglich einmal drehte.

Damit erklärte man, warum sich die Körper des Sonnensystems relativ zu den Hintergrundsternen verschieden schnell bewegen und sämtliche Himmelsobjekte jeden Tag einmal auf- und wieder untergehen. Entsprechend der Maxime, die Natur habe »Angst vor der Leere«, nahm man allgemein an, eine geheimnisvolle Substanz namens Äther würde den Platz zwischen den kreisenden Planeten ausfüllen und Licht und Bewegungskräfte von und zu den Himmelsobjekten tragen.

Manche frühen griechischen Philosophen kamen auf erstaunlich genaue Größenangaben für die Erde und den Abstand zu Sonne und Mond. Auch sie nahmen aber an, dass irgendetwas den Raum zwischen den Körpern ausfüllte. Nur die Stoiker, deren Blütezeit im dritten Jahrhundert v. Chr. begann, stellten sich ein Universum vor, in dem so etwas wie Leere herrschte. Allerdings nur jenseits des sichtbaren Kosmos (einschließlich der Sterne), durchdringen würde ihn diese Leere nicht. Schon bald wurde das stoische Modell durch ein anderes ersetzt, das die Planetenbewegung am Himmel weitaus besser zu erklären schien.

Im 2. Jahrhundert entwickelte **Ptolemäus von Alexandria** die Theorie, dass die Erde im Zentrum des Universums stehe und dass die anderen Planeten um sie auf festen Schalen, den »Sphären« aus diesem geheimnisvollen Äther, kreisen. Dabei säßen die Planeten selbst noch jeweils auf einer kleineren Kreisbahn namens Epizykel, deren Mittelpunkt auf der Hauptsphäre liege. Die Epizykel sollten die seltsame »Rückläufigkeit« von Mars, Jupiter und Saturn erklären, die über Wochen oder sogar Monate scheinbar rückwärts über den Himmel ziehen.

Ptolemäus glaubte, dass eine feste Schale mit den feststehenden Sternen die Erde, den Mond, die Sonne und die fünf damals bekannten Planeten umgab. Nichts deutete auf einen eventuellen Leerraum hin. Das Modell hatte den Vorteil, dass es die tatsächliche Planetenbewegung ziemlich zutreffend beschrieb. Gleichzeitig drückte es durch die reinen Kreisläufe die (mindestens auf Platon zurückreichende) tief verankerte philosophische Vorstellung von himmlischer Vollkommenheit aus.

Ptolemäus von Alexandria

(um 100–170 n. Chr.)
Dieser griechisch-ägyptische Mathematiker verfasste ein einflussreiches Traktat der Astronomie, das in seiner arabischen Übersetzung als *Almagest* bekannt ist. Er etablierte astronomische Vorstellungen, die bis in die Renaissance im Wesentlichen nicht hinterfragt wurden.

B

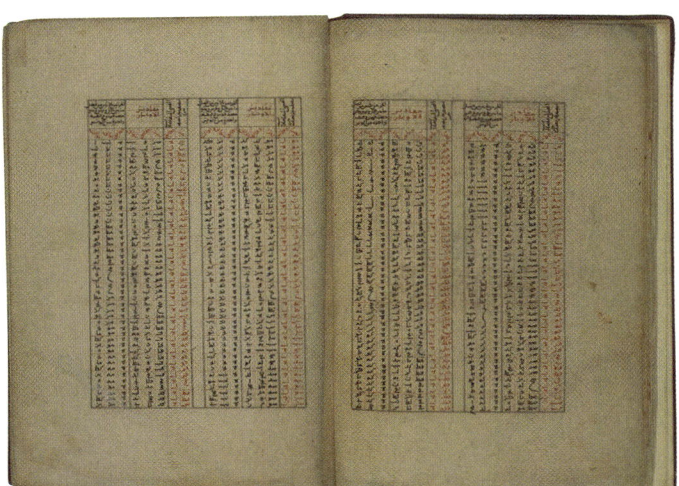

A

Das geozentrische (erdzentrierte) ptolemäische System sollte die Astronomie mehr als ein Jahrtausend beherrschen. Es überdauerte das römische Reich und wurde Teil der Kirchenlehre. Ernsthaft angefochten wurde es erst durch neue Entdeckungen.

Anfang des 16. Jahrhunderts schuf die Reformation eine intellektuelle Aufbruchsstimmung, und **Nikolaus Kopernikus** wagte als erster, häretische Ideen über ein helio- oder sonnenzentriertes System zu verbreiten.

Kopernikus stellte anstelle der Erde die Sonne in das Zentrum des Sonnensystems, und die Planeten Merkur, Venus, Erde, Mars, Jupiter und Saturn bekamen jeweils eigene Umlaufbahnen. Der Mond kreiste um die Erde. Dieses Modell vereinfachte das Rätsel der Planetenbewegung (so zieht die Erde auf ihrer Umlaufbahn an einem entfernteren und langsameren Planeten innen vorbei, der sich dann auf einer Schleifenbahn scheinbar rückwärts bewegt). Es erklärte aber nicht alles perfekt, und Kopernikus mengte bis zu seinem Tod 1543 ein eigenes System von Epizykeln bei. Ähnlich wie Ptolemäus wollte er das Konzept der »idealen« Kreisbahn erhalten. Dennoch bedeutete sein auf dem Totenbett veröffentlichtes Werk *De Revolutionibus Orbium Coelestium (Über die Umschwünge der himmlischen Kreise)* eine Revolution in der Astronomie.

B

Gegnerschaft formierte sich zunächst deshalb, weil Kopernikus' Theorie tief verwurzelte Annahmen über die Natur des Himmels auf den Kopf stellte. Allerdings griffen zwei Ereignisse in den 1570er-Jahren noch direkter das alte Weltbild an. Zuerst erstrahlte 1572 ein heller neuer Stern sieben Monate lang im **Sternbild Kassiopeia**. Heute wissen wir, dass es eine Sternexplosion war, eine Supernova. Sie bewies, dass auch die Fixsterne nicht unveränderbar und vollkommen sind, wie man vermutet hatte.

A Eine Tafel aus der *Harmonia Macrocosmica* von Andreas Cellarius (1660) illustriert das klassische kosmologische Modell des erdzentrierten Universums, mit Planetenkreisbahnen und einer äußeren Sphäre mit den Sternen.

B Eine zweite Tafel aus der *Harmonia Macrocosmica* zeigt das kosmologische Modell von Kopernikus. Die Sonne steht im Zentrum, und die Erde ist einer von mehreren Planeten. Man beachte den Mond der Erde und die vier Monde, die Jupiter begleiten.

Nikolaus Kopernikus (1473–1543) Dieser polnische katholische Priester und Astronom stellte aufgrund seiner Beobachtungen zur Planetenbewegung eine sonnenzentrierte Theorie des Universums auf. Davon war 1514 lediglich ein privates kleines Traktat im Umlauf, erst 1543 veröffentlichte er sie in voller Länge.

Sternbild Im klassischen Sinn ist ein Sternbild (auch Konstellation genannt) ein Muster aus hellen Sternen, dem Sternbeobachter einen oft auf Legenden zurückgehenden Namen gegeben haben. Heute gehören auch die Himmelsregionen um diese Muster herum zum Sternbild. Es gibt 88 präzise definierte Sternbilder, die wie Puzzlestücke ineinander greifen und den gesamten Himmel abdecken.

A

A Der aufsehenerregende Komet von 1577 (hier als Illustration in einer türkischen Schrift) zerstörte viele Glaubensansichten über das All. Ganz offensichtlich zog er quer durch die Planetenbahnen.

B Bevor er auf die Idee elliptischer Bahnen kam, spielte Johannes Kepler mit dem Gedanken, dass ineinander verschachtelte reguläre oder »platonische« Körper die Planetenbewegung vorgeben. Das ist in seinem *Mysterium Cosmographicum* von 1596 dargestellt.

Dann erstrahlte 1577 mehrere Monate lang ein heller Komet am Himmel. Seine Position änderte sich nicht mit dem Standort des Betrachters, wie Beobachtungen aus ganz Europa zeigten. Damit konnte es sich nicht um eine atmosphärische Erscheinung handeln, er war viel weiter entfernt. Außerdem verlief sein Weg quer durch die mutmaßlichen Planetenumlaufbahnen, wie man sehr genau sehen konnte.

Der endgültige Durchbruch kam 1608, als **Johannes Kepler** erkannte, dass man durch »vollkommene« Kreisbahnen die Planetenbewegung niemals erklären kann. Dagegen beschreibt eine elliptische (ovale) Bahn den Umlauf genau, wenn in einem Brennpunkt die Sonne steht. Keplers neues Modell des Sonnensystems fand rasch Verbreitung, und es wurde durch Beobachtungen von Astronomen wie Galileo Galilei mit dem neu erfundenen Teleskop untermauert.

Keplers elliptisches Bahnmodell verzichtete auf Kreisbahnen und Kugelschalen. Und weil nun die Umlaufzeit eines Planeten direkt mit dem Bahnumfang verknüpft war, konnte man berechnen, dass zwischen den Planeten zehn oder sogar Hunderte Millionen Kilometer einer riesigen, leeren Weite stecken. Und die Erkenntnis, dass die Erde um die Sonne kreist, hat auch Auswirkungen auf die Messung der Entfernung der Sterne, wie wir noch sehen werden.

Mit einem Schlag war das Universum viel größer geworden. Zum ersten Mal in der Geschichte der Menschheit mussten Astronomen mit dem Gedanken klarkommen, dass sich um die Erde in alle Richtungen ein riesiger Weltraum erstreckt. Diesem Leerraum konnten sie aber immer noch eine Form geben. Dafür mussten sie ihn vermessen und verstehen, wie sich die Objekte darin verteilen.

B

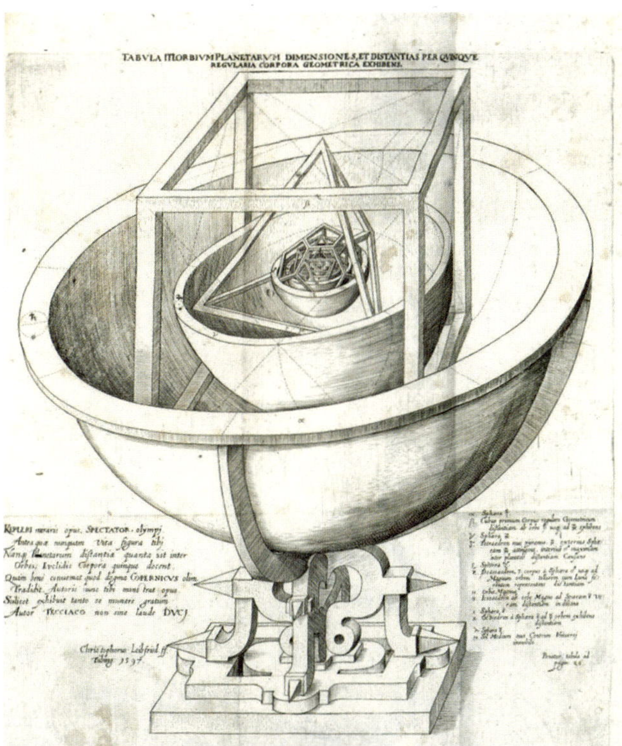

Johannes Kepler (1571–1630) Dieser deutsche Mathematiker und Astrologe war Assistent des dänischen Astronomen Tycho Brahe, später wurde er selbst Kaiserlicher Hofmathematiker unter Kaiser Rudolf II. Dank Tychos Marsbeobachtungen konnte Kepler 1609 in seiner Schrift *Astronomia Nova* seine Gesetze zur Planetenbewegung formulieren.

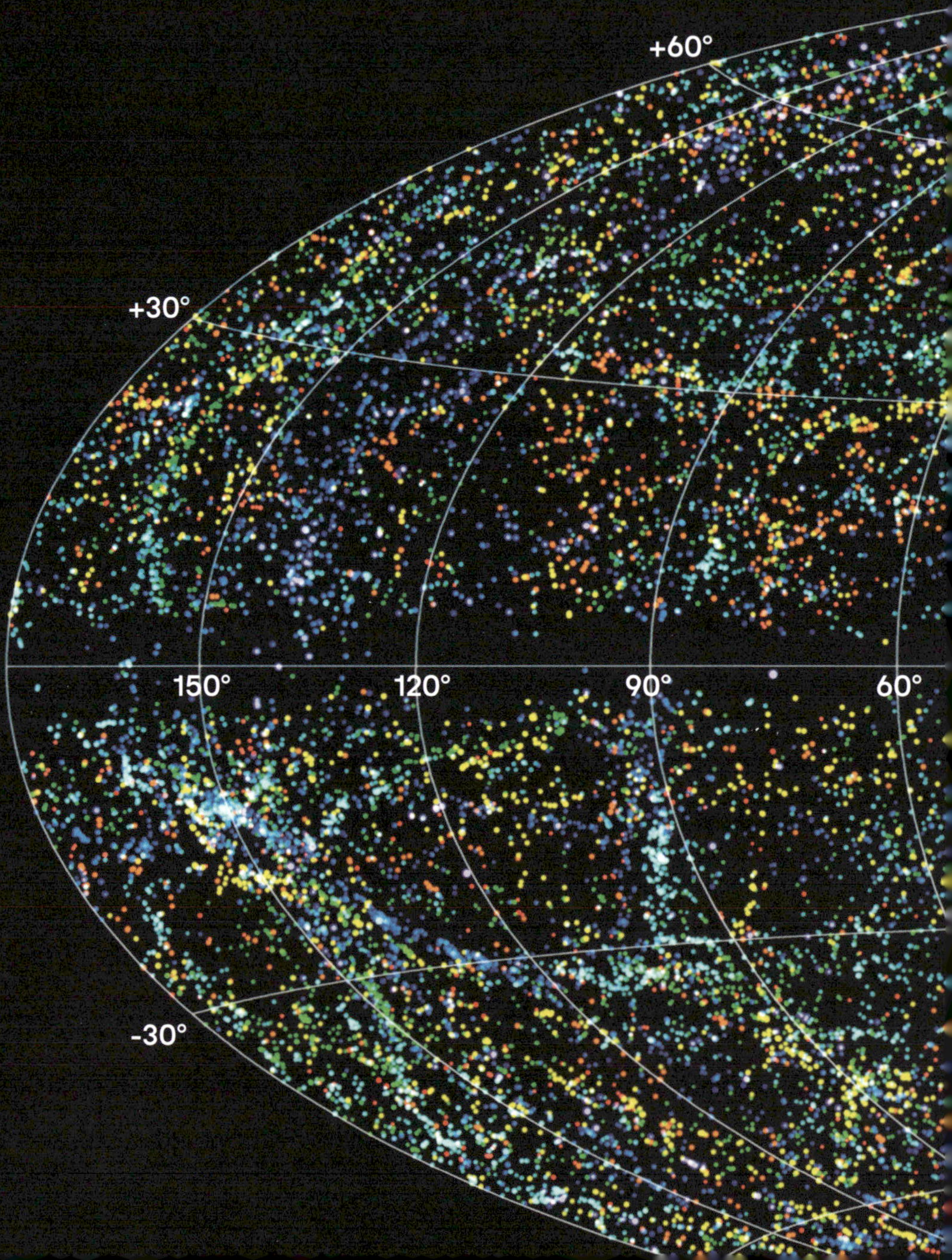
+60°
+30°
150°
120°
90°
60°
-30°

1. Die Vermessung des Weltraums

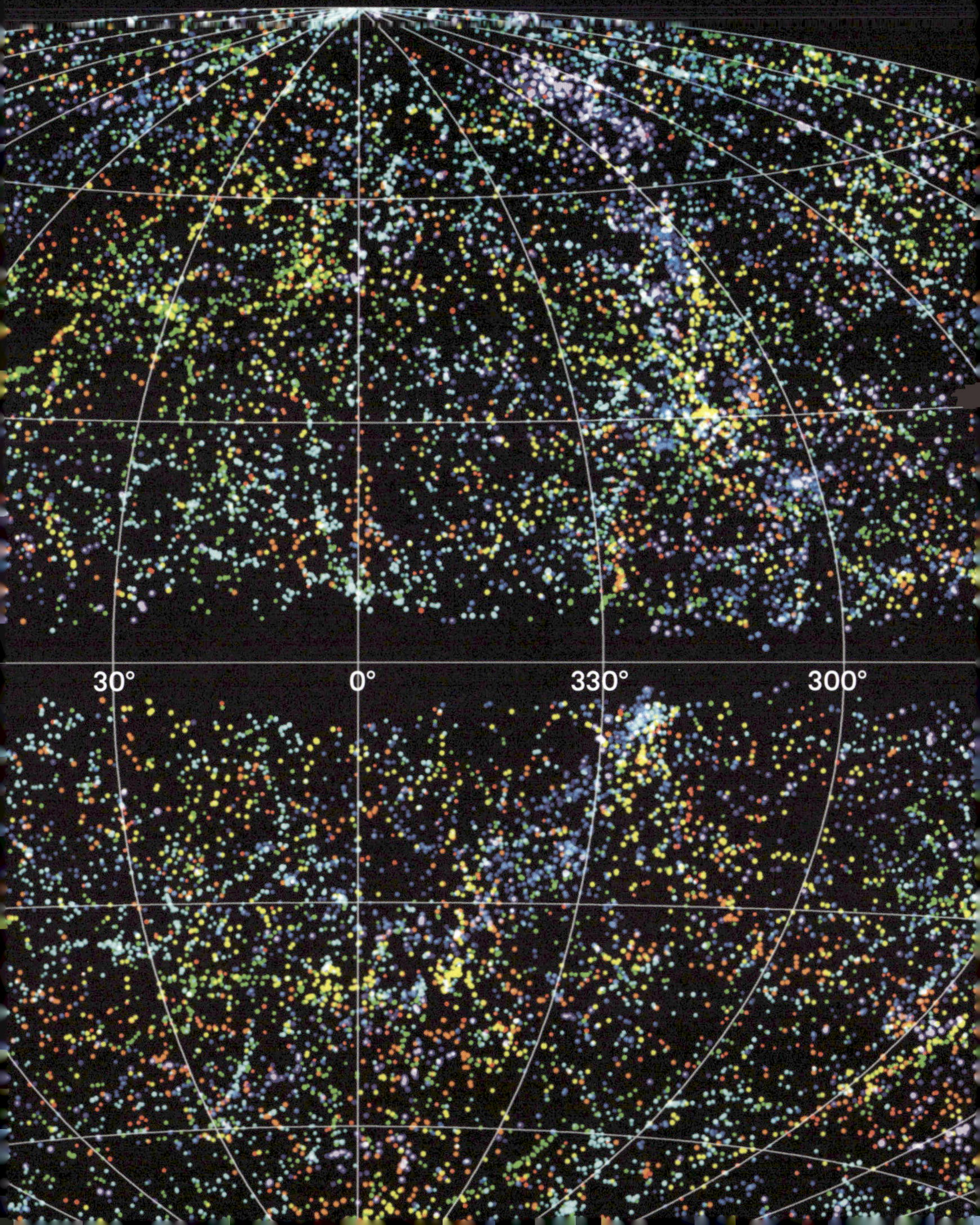

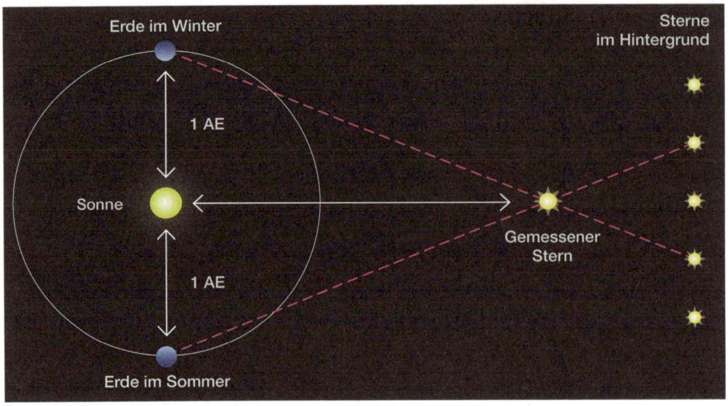

A

A Eine Sternparallaxe entsteht bei einem genau halben Umlauf der Erde um die Sonne. Betrachtet man einen nahen Stern jeweils vom anderen Ende dieser 300-Millionen-Kilometer-»Grundlinie«, verschiebt sich dessen relative Position vor den viel weiter entfernt liegenden Hintergrundsternen. Bei der Größe des Universums ist diese Verschiebung selbst für unsere Nachbarsterne winzig.
AE ist die Abkürzung für »Astronomische Einheit«, die mittlere Entfernung von Erde und Sonne (149 597 870 km).

Unsere moderne Mission, die Form des Weltraums verstehen zu lernen, beginnt mit der Revolution von Kopernikus. Er löste die Himmelsobjekte aus ihren kristallenen Sphären heraus und setzte sie frei beweglich in den weit offenen Raum. Der Erde ihren heiligen Platz im Zentrum des Universums wegzunehmen und der Sonne (zeitweilig) kosmische Vorherrschaft zu geben, hatte bedeutende Auswirkungen auf die Entfernung von Planeten und selbst von Sternen.

Jahrhundertelang stellte das größte Problem beim heliozentrischen Weltbild die Bewegung der Erde dar. Bei jedem halben Umlauf um die Sonne müssten sich eigentlich für uns die Sterne verschieben, weil sich ja unser Blickpunkt ändert.

Dieser Effekt, den man Parallaxe nennt, ist uns durchaus vertraut: Ein Finger am ausgestreckten Arm vor uns scheint gegen den Hintergrund hin- und herzuspringen, wenn wir jeweils ein Auge zukneifen. Astronomen haben lange vergeblich versucht, eine solche Parallaxe auch für Sterne nachzuweisen. Dass man nichts fand, wog schwer gegen die Vorstellung einer sich bewegenden Erde.

Als jedoch das Teleskop und das leistungsfähige keplersche System immer überzeugendere Hinweise auf eine Erdbewegung brachten, kehrte sich genau dieses Argument um. Die Sterne blieben klar auf ihrer scheinbaren Position, obwohl die Erde jährlich 300 Millionen Kilometer von einer Seite ihrer Bahn auf die andere wanderte. Folglich mussten sie unvorstellbar weit weg sein.

Mit dem Ausmessen einer möglichen Parallaxe beschäftigten sich im 18. und 19. Jahrhundert viele Astronomen. Theoretisch sollten die immer leistungsfähigeren Teleskope diese Aufgabe erleichtern. Praktisch sah sich die »Astrometrie« (die Vermessung der Sternpositionen) noch großen Hindernissen gegenüber. Einmal alle 24 Stunden umkreisen die Gestirne die Erde, und die Sonne geht auf und wieder unter. Man kann also nicht einfach ein Teleskop auf den gleichen Punkt richten und sehen, wie der Stern sich vor und zurückbewegt. Stattdessen müssen wir seine Position an »Himmelskoordinaten« (ähnlich den Längen- und Breitengraden auf der Erde) festmachen.

Schon früh hat man festgestellt, dass die Sterne nicht so fest stehen wie gedacht. Viele wandern über Jahre und Jahrzehnte langsam quer über das Firmament. Diese sogenannte »Eigenbewegung«, die von Stern zu Stern sehr unterschiedlich ist, kommt von der Bewegung des Sterns sowie der unseres eigenen Sonnensystems im Raum. Die Astronomen haben es bald verstanden, daraus die Sterne zu identifizieren, die der Erde am nächsten stehen und sich somit am besten zur Parallaxenmessung eignen.

B Proxima Centauri, der erdnächste Stern, liegt nur 4,25 Lichtjahre entfernt – was einer parallaktischen Verschiebung von 0,77 Bogensekunden (etwa 1/2000stel des Vollmonddurchmessers) entspricht. Seine Eigenbewegung ist so stark, dass er alle 450 Jahre um eine Vollmondbreite wandert. Trotz der Nähe wurde der Stern erst 1915 entdeckt.

C Diese Detailansicht zeigt Proxima Centauris scheinbare Bewegung (eine Kombination seiner Eigenbewegung und der Bewegung der Erde) relativ zu den Hintergrundsterne um 2015. Die »Schleifen« im Weg entstehen durch die Parallaxe.

B

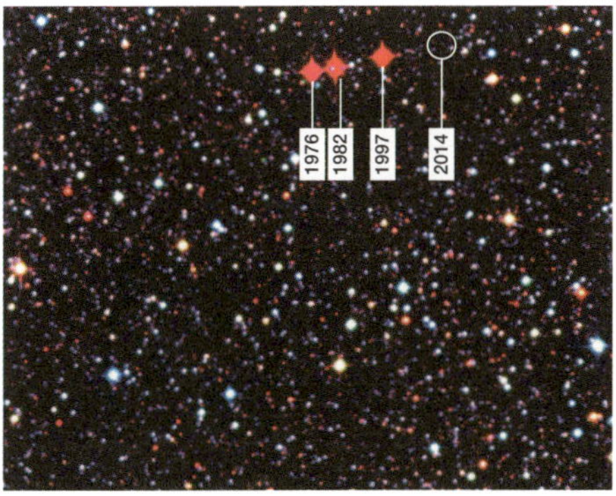

C

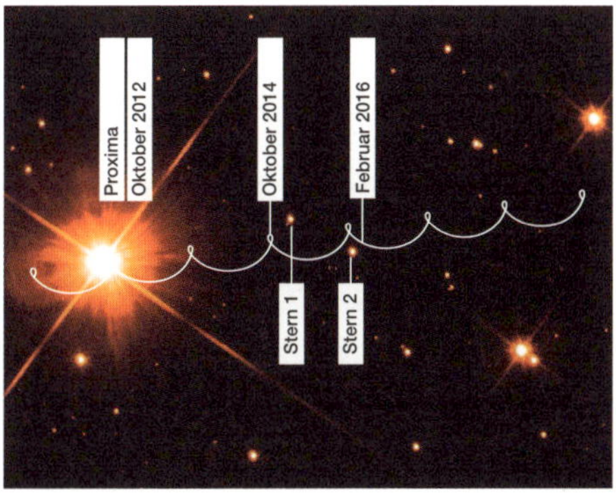

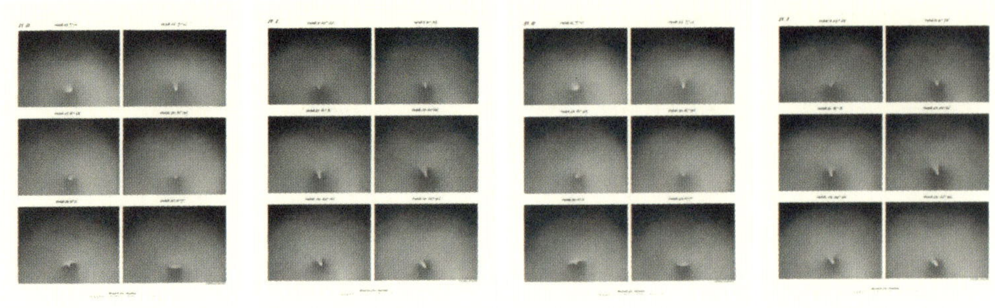

A

Erst nach Jahren vergeblicher Versuche gelang es **Friedrich Bessel** 1838, die Parallaxe eines Sterns namens 61 Cygni zu messen. Die Verschiebung betrug ein winziges 1/11500stel **Grad**. Das war genug, um dessen Entfernung zur Erde auf etwa 100 Millionen *Millionen* (Billionen) Kilometern zu berechnen.

Erneut war der Weltraum gewachsen. Jede normale Entfernungsmessung führte jetzt zu unhandlich riesigen Werten.

Friedrich Bessel (1784–1846) Dieser deutsche Astronom bestimmte die genaue Position von mehr als 50000 Sternen. 1838 gelang ihm die Messung einer Parallaxe. Er berücksichtigte hierbei die Lichtbrechung in der Atmosphäre und die leichte Positionsänderung der Sterne aufgrund der Bewegung der Erde auf ihrer Umlaufbahn.

Grad Ein Winkelmaß. Ein Kreis hat 360 Grad, ein rechter Winkel 90 Grad. Ein Grad kann in 60 »Bogenminuten« und diese wiederum in 60 »Bogensekunden« unterteilt werden.

Lichtjahr Die Distanz, die Licht im Vakuum in einem Jahr zurücklegt. Ein Lichtjahr entspricht 9,5 Billionen Kilometern.

Leuchtkraft (Helligkeit) Maß der Gesamtenergie, die ein Stern oder ein anderes Himmelsobjekt im Vergleich zur Sonne aussendet. Leuchtkraftunterschiede geben grob die Helligkeitsunterschiede in sichtbarem Licht an. Allerdings kann ein heißer oder kalter Stern einen Großteil seiner Energie auch im Ultravioletten oder Infraroten, also im nicht sichtbaren Bereich, aussenden.

Die Astronomen gingen deshalb rasch dazu über, die Entfernung eines Sterns zu uns als die Zeit zu messen, die das Licht, das Schnellste im Universum, braucht, um zu uns zu gelangen. Licht reist mit erstaunlichen 299 792 Kilometern pro Sekunde. Damit ist 61 Cygni 10,3 **Lichtjahre** von der Erde entfernt.

Eine alternative Möglichkeit, kosmische Entfernungen zu messen, ist über die Einheit Parallaxensekunde oder abgekürzt Parsec. Ein Stern mit einem Parsec Entfernung weist die Parallaxe von einer Bogensekunde (1/3600stel Grad) auf. Das entspricht 3,26 Lichtjahren. Heutzutage geben Astronomen Entfernungen lieber in Parsec (bzw. in Kilo- und Megaparsec) an, weil diese Einheit direkt messbar ist, Lichtjahre jedoch »abgeleitet« sind. In diesem Buch bleiben wir aber bei den vertrauteren Lichtjahren.

Durch Bessels Parallaxenmessung war sofort klar, dass die Sterne nicht alle gleich sein konnten. 61 Cygni ist relativ schwach (mit bloßem Auge gerade noch zu sehen). Bei seiner nun bekannten Entfernung musste er also viel weniger hell sein (weniger **Leuchtkraft** haben) als die Sonne. Tatsächlich ist 61 Cygni ein »Doppelstern«, ein Sternenpaar, von dem ein Stern schwächer ist als der andere. Dass beide die gleiche Parallaxe aufwiesen und somit gleich weit von der Erde entfernt sein mussten, bewies außerdem deren physikalische Ungleichheit. Wären sie gleich, hätten sie exakt die gleiche Helligkeit.

B

Mit dieser und anderen etwa zeitgleichen Entdeckungen begann die Wissenschaft der Astrophysik und damit unser modernes Verständnis von Sternen.

A Friedrich Bessel zeichnete den Vorbeiflug des Halleyschen Kometen an der Sonne 1835 auf. Zuvor hatte er die Kometenbahn neu berechnet, um dessen Rückkehr ins innere Sonnensystem genauer bestimmen zu können.

B Die beiden Sterne im Doppelsternsystem von 61 Cygni scheinen am Himmel nahe beieinander zu liegen. Ihr tatsächlicher Abstand ist etwas kleiner als der von Neptun und der Sonne, bei einer Umlaufzeit von 659 Jahren.

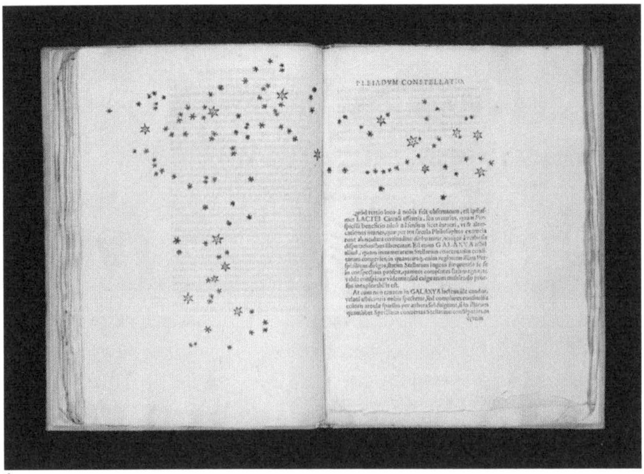

A

Galileo Galilei (1564–1642) Dieser italienische Physiker und Astronom entdeckte mit einem selbstgebauten Teleskop – erst kurz zuvor war es in Holland erfunden worden – die Venusphasen und die Jupitermonde. Daraufhin schloss er sich dem heliozentrischen Weltbild an, was ihn in Konflikt mit der mächtigen katholischen Kirche brachte.

Im Licht der wachsenden Größenskala bedeutete diese Beobachtung auch, dass Astronomen einen Stern zuweilen auch ohne mühselige Parallaxenmessungen charakterisieren können. Allein sein Licht gibt schon manche physikalischen Eigenschaften preis, zum Beispiel, welche Energie er ausstrahlt und welche Elemente in seiner Atmosphäre zu finden sind. Häufig genug lässt sich daraus seine wahre Leuchtkraft grob abschätzen und daraus die Entfernung zur Erde ableiten, ohne direkt messen zu müssen.

B

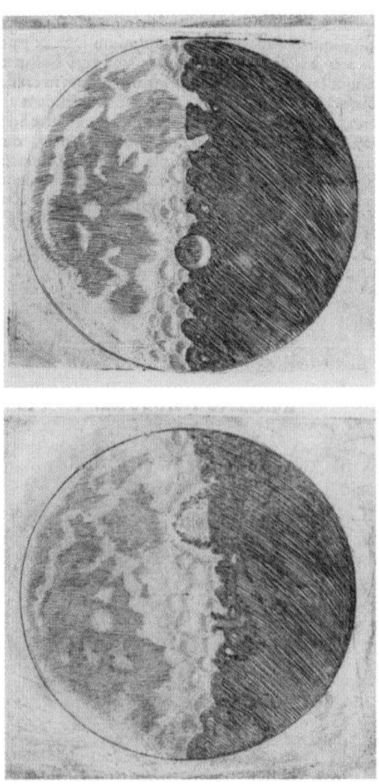

Scheinbar schwache Sterne, häufig nur mit einem Teleskop sichtbar, konnten also tatsächlich eine hohe physikalische Leuchtkraft haben. Die Astronomen lernten, dass solche Sterne viel weiter von der Sonne entfernt waren, Tausende oder sogar Zehntausende Lichtjahre entfernt. Am Ende verstanden sie, wie groß unsere Galaxie, die Milchstraße, wirklich ist.

A Galilei veröffentlichte seine teleskopischen Himmelsbeobachtungen (wie etwa zum Sternhaufen der Plejaden) als Schrift *Sidereus Nuncius* (Sternenbote).

B Galileis Zeichnungen vom Mond lassen Krater und Berge hervortreten.

C Das fahle Band der Milchstraße ist bei genauer Betrachtung zusammengesetzt aus unzähligen Sternen. Sie bilden Haufen und Wolken weit jenseits der Auflösungsgrenze von Galileis Teleskop.

C

Die Milchstraße zeichnet sich am Nachthimmel als fahles, von Horizont zu Horizont reichendes Lichtband klar ab (wenn es nur dunkel genug ist). Vor ihr liegen einige besonders helle Sternkonstellationen. Seit jeher bekannt und rätselhaft, war sie für **Galileo Galilei** ein naheliegendes Ziel, als er 1609 sein erstes Teleskop zum Himmel richtete. Der geniale Italiener entdeckte, dass sie lediglich aus Abermillionen von zuvor unsichtbaren, sich in die Unendlichkeit erstreckenden Sternen bestand.

Aus der Verteilung der Sterne am Himmel und ihrer Konzentration in der Milchstraße folgerten die Astronomen bald, dass unser Sonnensystem mitten in einer großen, flachen Ebene aus Sternen liegen muss, breiter als tief und mit einem Dichtezentrum in Richtung des Sternbilds Schütze. Blicken wir in Richtung dieser Ebene, so drängen sich die Sterne hintereinander und scheinen zu den Wolkenformen der Milchstraße zu verschmelzen. Wenn wir aus der Ebene herausblicken, finden wir nur ein paar Nachbarsterne und ansonsten die Finsternis eines scheinbar leeren Raums dahinter.

A

Edwin Hubble (1889–1953) Dieser US-amerikanische Astronom hat den Abstand zu anderen Galaxien gemessen und die kosmische Expansion entdeckt. Das Hubble-Weltraumteleskop wurde nach ihm benannt.

A Mitte des 19. Jahrhunderts beschrieben Astronomen zum ersten Mal die Spiralstruktur vieler entfernter Nebel.

B Ein sprunghafter Anstieg an populären Astronomiebüchern wie *Astronomy of Today* von 1909 begleitete eine Ära großer wissenschaftlicher Entdeckungen.

C Schon frühe Fotografien zeigten, dass manche Nebel nur einige Sterne inmitten von Gas und Staub enthielten, andere aber eine riesige Menge nicht auflösbarer Sterne.

Die ersten Bestimmungen der Größe der Milchstraße ergaben einen Durchmesser von Zehntausenden von Lichtjahren (erst im 20. Jahrhundert offenbarte sich ihre wahre Form: eine gewaltige, 100 000 Lichtjahre große Spirale mit einem mächtigen Sternenwulst im Zentrum). Heute wissen wir, dass die Erde etwa 26 000 Lichtjahre vom Herz der Milchstraße entfernt liegt, und dass sich alles letztlich um ein gewaltiges schwarzes Loch von 4 Millionen Sonnenmassen dreht.

Am Anfang des 20. Jahrhunderts war unser Heimatplanet schon tief in die Bedeutungslosigkeit abgerutscht, so weit war unser Erkenntnisstand über die Größe des Weltraums schon gediehen. Es sollte aber noch heftiger kommen. Die meisten Astronomen glaubten zu der Zeit, dass die Milchstraße das gesamte Universum sei – eine Stadt aus Sternen, einsam in einer schwarzen Leere treibend. Wie so etwas entstanden sein könnte oder was jenseits wäre, war Gegenstand weniger kosmologischer Theorien. Ging der leere Weltraum unendlich weiter oder hing die Galaxie in einer Blase aus Weltraum, nicht viel größer als sie selbst?

B

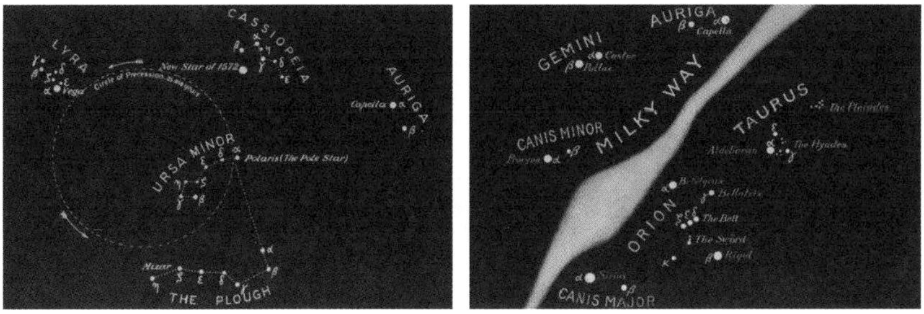

Es gab jedoch auch einflussreiche Stimmen, die diese Theorie einer »Welteninsel« bezweifelten. Grund waren die seltsamen »Spiralnebel«, schwache, verschwommene, manchmal radähnliche Strukturen, die in leistungsfähigen Teleskopen sichtbar waren. Nach konventioneller Meinung könnten diese Spiralen vielleicht neue Sterne und Sonnensysteme in unterschiedlichen Entstehungsstadien darstellen. Dann aber, so die Zweifler, müssten sie innerhalb der Milchstraßenebene liegen, wie die anderen Sterne auch. Stattdessen befanden sie sich zum großen Teil in diesem eher leeren Bereich, wo sich hinter ein paar verstreuten Sternen nur noch der tiefe, leere Weltraum erstreckt. Vielleicht waren sie dann Galaxien wie die unsrige, viele Millionen Lichtjahre weit entfernt?

Mehrere Jahrzehnte brodelte diese sogenannte »Große Debatte« der Astronomie, bis dann 1925 ein Durchbruch kam. **Edwin Hubble** machte mit dem riesigen, neuen Teleskop auf dem Mount Wilson (Kalifornien, USA) Aufnahmen von größeren und helleren Spiralnebeln, auf denen die Auflösung in einzelne Sterne zu sehen war. Einige Sterne schienen in ihrer Helligkeit zu pulsieren.

C

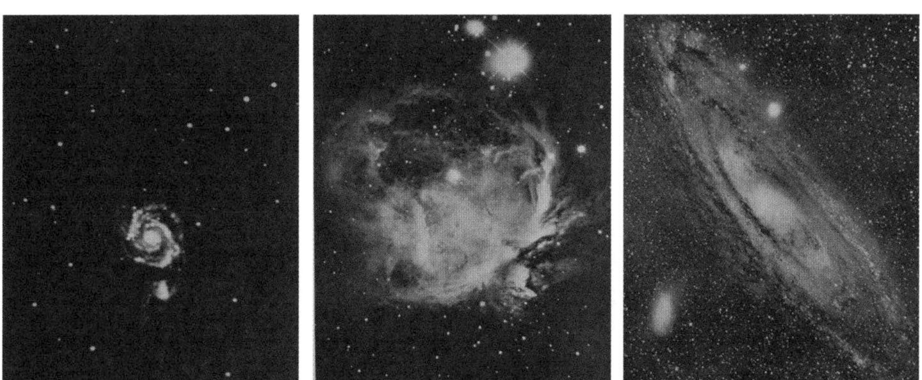

A

B

Ein paar Jahre zuvor hatte die US-amerikanische Astronomin Henrietta Swan Leavitt (1868–1921) eine bestimmte Klasse von pulsierenden Sternen entdeckt, **die Cepheiden**. Aus deren periodischer Helligkeitsschwankung ist die absolute Leuchtkraft des Sterns direkt ablesbar. Nachdem Hubble in seinen Spiralnebeln Cepheiden identifiziert hatte, konnte er ihre wahre Helligkeit und ihre Entfernung von der Erde berechnen. Damit war bestätigt, dass Spiralen und die anderen Nebel echte, eigenständige Galaxien sind.

Nun sind die allermeisten Galaxien so lichtschwach und weit entfernt, dass einzelne Sterne darin nicht zu erkennen sind. Das bedeutet aber nichts anderes, als dass sich das Universum in alle Richtungen Hunderte Millionen, ja Milliarden Lichtjahre erstrecken muss.

Von Kopernikus' Revolution bis zu Hubbles Durchbruch war die Größenskala des Universums – und des Weltraums – von ein paar tausend Kilometern auf viele Milliarden Lichtjahre angewachsen. Gleichzeitig schwand unser eigener Planet vom Zentrum aller Dinge zu einem Pünktchen aus Stein, das um einen unbedeutenden Stern kreist, einen unter zweihundert Milliarden oder mehr in einer Milchstraße, die selbst eine unter vielleicht einer Billion Galaxien ist. Und auch das ist vielleicht nur ein winziger Teil, wie wir noch sehen werden. Fürs Erste reicht uns aber die Erkenntnis, dass sich der Weltraum dreidimensional so weit erstreckt, wie wir sehen können, und darüber hinaus.

Was heißt also die Frage, ob der Weltraum eine Form hat?

Cepheiden Diese veränderlichen Sterne sind pulsierende »gelbe Überriesen«. Benannt wurden sie nach Delta Cephei, einem Stern im Sternbild Kepheus, dem König. Je größer die Leuchtkraft eines Cepheiden ist, desto länger dauert seine Pulsationsperiode.

Lichtgeschwindigkeit Die Geschwindigkeit, mit der sich das Licht und andere elektromagnetische Wellen im Vakuum ausbreiten, nämlich mit 299 792 Kilometer pro Sekunde. Häufig schreibt man nur »c« Nach Einsteins spezieller Relativitätstheorie bleibt die Lichtgeschwindigkeit konstant und ist unabhängig von der relativen Bewegung von Quelle und Beobachter. Sie ist die höchste mögliche Geschwindigkeit im Universum; kein Objekt mit Masse kann sie erreichen.

Dieses ist nun die zentrale Frage in diesem Buch. Sie kommt jetzt, weil in unserer bisherigen Beschreibung noch etwas Wesentliches fehlt: Der Weltraum ist nicht einfach ein geordnetes dreidimensionales Netz. Er verformt sich – was gerade, senkrechte Linien zu sein scheinen, kann auf anderen Skalen gekrümmt, gestaucht oder gestreckt sein. Das hängt vor allem von einem Faktor ab: der Menge an Materie. Diese Entdeckung ist das Herzstück eines weiteren großen Durchbruch Anfang des 20. Jahrhunderts.

Einstein entwickelte seine Relativitätstheorie Ende des 19. Jahrhunderts wegen einer physikalischen Debatte zur Unveränderlichkeit der **Geschwindigkeit von Licht**. Seit Jahrhunderten wusste man, dass sich Licht mit einer unglaublichen Geschwindigkeit bewegt. Kleine Unterschiede etwa aufgrund der Relativbewegung von Quelle und Betrachter würden nur sehr schwer nachweisbar sein. Ein paar Meter oder selbst Kilometer pro Sekunde Differenz würden gegen die gesamte Lichtgeschwindigkeit »untergehen«. Allerdings konstruierten die Physiker immer raffiniertere Versuchsanordnungen. Schließlich glaubten sie, dass sie, wie für alle anderen Wellensorten auch, eine solche Differenz nachweisen könnten.

C

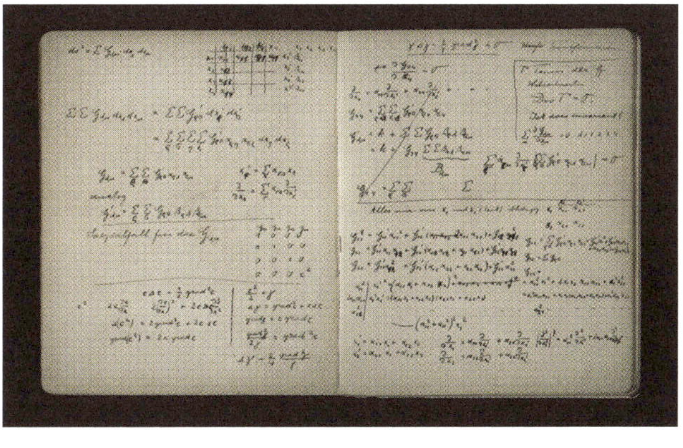

A Am Mount-Wilson-Observatorium in Kalifornien entdeckte Edwin Hubble mit dem damals größten Teleskop der Welt einzelne Sterne in weit entfernten Galaxien.

B Auf einer kommentierten Fotoplatte von Hubble ist die Position von Cepheiden im Andromedanebel eingetragen, unserem nächsten galaktischen Nachbarn mit einer Entfernung von 2,5 Millionen Lichtjahren.

C Albert Einsteins Züricher Notizbuch dokumentiert die Entstehung seiner Grundideen zur allgemeinen Relativitätstheorie.

A

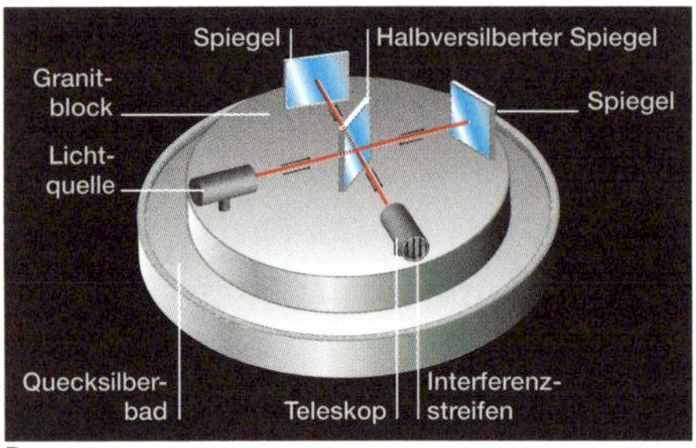

B

A Michelson und Morley führten ihr Experiment im Keller der jetzigen Case Western Reserve University in Cleveland im US-Bundesstaat Ohio durch. Gegen äußere Schwingungen war das hochempfindliche Messinstrument durch eine Granitplatte in einem Quecksilberbad abgeschirmt.

B Das Experiment nutzt das Prinzip der Interferometrie. Ein Lichtstrahl wird über einen halbversilberten Spiegel auf zwei zueinander senkrechte Wege aufgeteilt, an Spiegeln reflektiert und dann in einem Okular wieder zusammengeführt. Durch Verstärkung oder Auslöschung der sich überlagernden Wellen bildet sich ein Interferenzmuster. Ändert sich entlang der beiden Wege die Lichtgeschwindigkeit (also wäre ein Äther als Lichtträger vorhanden, durch den sich die Erde bewegte), sollte sich das Interferenzmuster über die Zeit verändern.

Man fand aber keinen Unterschied. Die Geschwindigkeit von Licht blieb absolut konstant bei 299 792 Kilometer pro Sekunde, egal ob sich die Lichtquelle zum Detektor hin oder von ihm weg bewegte. Als auch die US-Amerikaner Albert Michelson (1852–1931) und Edward Morley (1838–1923) 1887 mit einem bis dato empfindlichsten Experiment keinen Unterschied messen konnten, stürzte die Physik in eine Krise.

Aus dieser Klemme fand der gescheiterte Akademiker **Albert Einstein** 1905 einen Ausweg. In einer Reihe von revolutionären Schriften formulierte er eine gewagte Lösung. Die Geschwindigkeit von Licht sei konstant, aber der Rest der Physik müsse umgeschrieben werden. Einsteins »spezielle Relativitätstheorie« berührt Alltagsphänomene kaum. Merkwürdige Effekte treten erst auf, wenn sich Objekt und Betrachter mit einer Geschwindigkeit nahe der von Licht re-

Albert Einstein (1879–1955) Dieser archetypisch-geniale Physiker schrieb seine Reihe von wissenschaftlichen Abhandlungen, die im Jahr 1905, dem »Annus mirabilis«, die Physik revolutionierten, als Angestellter in einem Patentamt. Sein Konzept von spezieller und allgemeiner Relativität beschreibt auch heute noch am besten das Universum.

Relativistisch Bewegung oder Geschwindigkeit nahe der Lichtgeschwindigkeit.

lativ zueinander bewegen. In solchen extremen Situationen werden Objekte seltsamerweise in ihrer Bewegungsrichtung gestaucht. Auch läuft für sie die Zeit langsamer ab (was Satellitennavigationssysteme berücksichtigen müssen: Die Satelliten bewegen sich extrem schnell und tragen ultragenaue Atomuhren).

Einer der Ersten, die die Revolution der Relativitätstheorie erkannten, war Einsteins früherer Tutor Hermann Minkowski (1864–1909). Er formulierte dann eine vollkommen neue Sicht auf Raum und Zeit. Die Zeit sei eine weitere Dimension und mit den drei Raumdimensionen (in gewisser Weise ebenfalls rechtwinklig) direkt verknüpft. Die spezielle Relativität ergibt sich dann aus einer Rotation oder Drehung der Dimensionen um ein sich **relativistisch** bewegendes Objekt. Die sich verkürzende Strecke und die verlängerte Zeit gleichen sich dabei aus.

C Dieses frühe Minkowski-Diagramm, das Einsteins ehemaliger Tutor selbst zeichnete, erklärt erstmals die seltsamen Effekte der speziellen Relativitätstheorie. Die blaugrünen Linien geben an, wie die zuvor rechtwinkligen Achsen von Länge (horizontal) und Zeit (vertikal) sich immer stärker »neigen«, wenn ein Objekt der Lichtgeschwindigkeit nahe kommt. Ein Betrachter von außen bemerkt eine verlangsamte Zeit und verkürzte Länge.

D Ein »Lichtkegel« projiziert die Raumdimensionen auf eine flache Ebene (S). Die vertikale Achse ist die Zeit (T). Der obere, sich vom Objekt ausbreitende Kegel (A) definiert die Bereiche, die vom Licht des Objekts erreicht und beeinflusst werden können. Der untere, an der momentanen Objektposition mündende Kegel (B) definiert die Raumzeitbereiche, die vom Objekt wahrgenommen werden können und es somit beeinflussen.

C

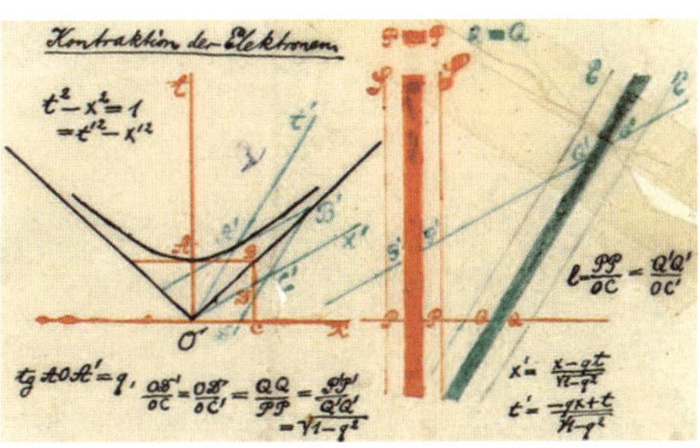

D

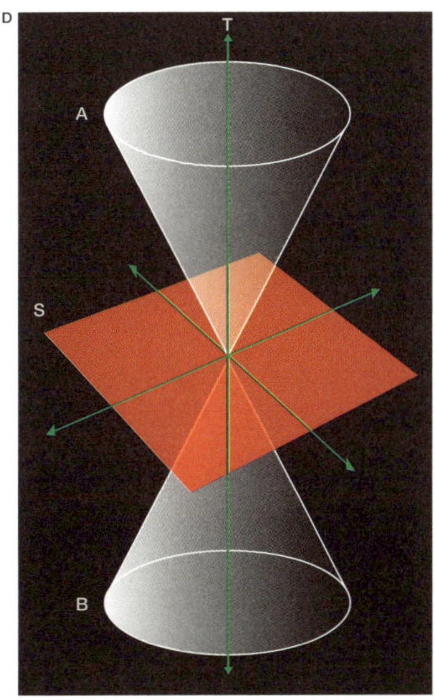

Minkowskis Vorstellung einer flexiblen vierdimensionalen Raumzeit mit biegsamen, komprimierbaren und dehnbaren Dimensionen erwies sich als überaus leistungsfähig und wurde das Herzstück von Einsteins allgemeiner Relativitätstheorie von 1915. Einsteins Modell erklärt die Analogie von Schwerkraft und Beschleunigung: Die Physik in einem Raumschiff, das außerhalb eines Schwerefeldes fliegt, aber von seinen Raketenmotoren beschleunigt wird, ist ununterscheidbar von der Physik im gleichen Raumschiff, das unter dem Einfluss der Schwerkraft auf der Oberfläche eines Planeten steht. Einstein erkannte, dass die Gravitation die Krümmung der Raumzeit ist: Eine leichte Verbiegung der Raumdimensionen durch große Massen aus dem idealen rechten Winkel heraus bringt Objekte dazu, auf diese zuzufallen (extrem dichte Massen beeinflussen auch den Ablauf der Zeit).

Deshalb kann der Weltraum eine Form haben: Die Masse der vielen Materie im Universum verbiegt die Linien der Raumzeit.

Astronomen beobachten diesen Effekt seit einigen Jahrzehnten, und zwar in Form des spektakulären **Gravitationslinseneffekts**, der Lichtverzerrung sowohl von Einzelsternen und als auch Galaxienhaufen, die typischerweise 10 Millionen Lichtjahre groß sind. Warum also sollte dieser Effekt nicht auch auf der allergrößten Skala gelten, also die gesamte Materie des Universums seine umliegende Raumzeit verbiegen?

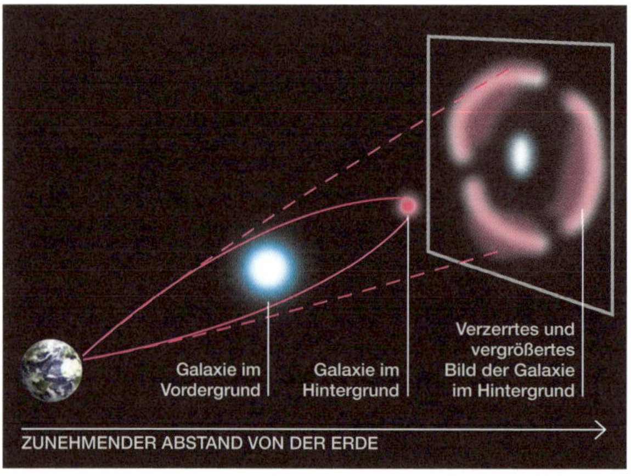

A Gravitationslinsen krümmen die Raumzeit um ein Objekt herum und lenken somit die Lichtstrahlen ab, die von einem weiter entfernten Objekt ausgesandt werden. Für den Beobachter auf der Erde erscheint das Objekt im Hintergrund als unregelmäßiger Ring um das Vordergrundobjekt herum.

B Diese Galerie von Galaxien, die durch den Gravitationslinseneffekt sichtbar sind, hat das Hubble-Weltraumteleskop erstellt. Die unterschiedlichen Formen und Intensitäten geben Auskunft auf die Masseverteilung in den Vordergrundobjekten.

C Diese Gravitationslinsen nahm die Faint Object Camera des Hubble-Weltraumteleskops in Nahaufnahme auf.

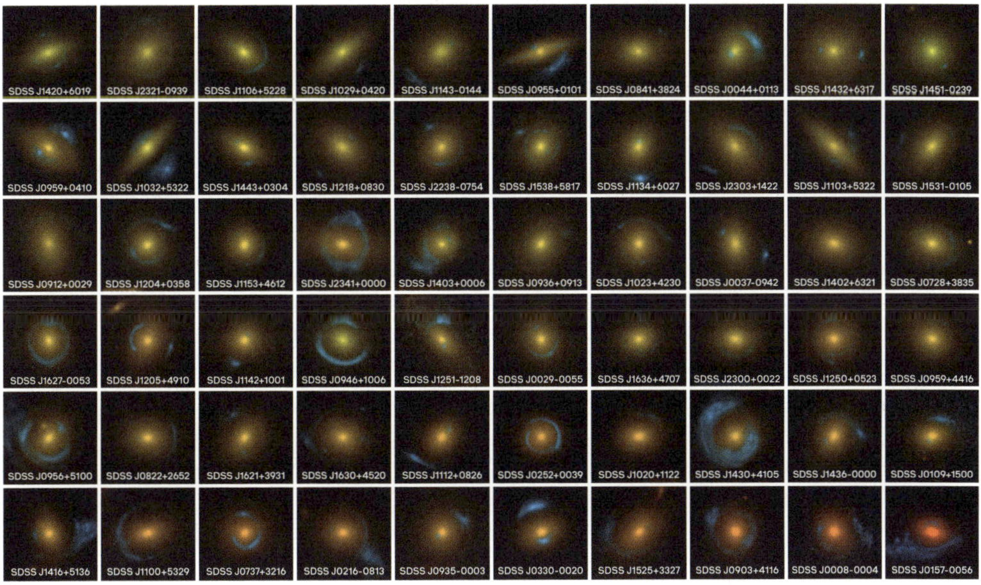

B

Gravitationslinseneffekt

Liegt vor einem Hintergrundobjekt ein massives Objekt auf der Sichtlinie, wird das Licht wegen der gekrümmten Raumzeit um das massive Objekt herum abgelenkt und wir sehen ein verzerrtes Bild des Hintergrundobjekts.

Wie groß muss die Masse sein, um den Raum verbiegen zu können? In welchem Verhältnis steht diese Masse zur Gesamtmasse im Universum, und in welche Formen wird der Raum gekrümmt? Bevor wir diese entscheidenden Fragen angehen, wartet aber noch ein ganz bedeutender Aspekt auf uns: Unser Universum ist nicht statisch, sondern dehnt sich aus.

C

2. Das Universum dehnt sich aus

A

Das Universum dehnt sich aus – und das ändert die Regeln, nach denen wir die Form des Weltraums erkunden wollen, grundlegend.

Wenn die Dichte von Materie und Masse mit der Zeit immer mehr abnimmt, können sie auch weniger den Raum um sich herum krümmen, sagen die meisten Modelle. Woher wissen wir also, dass das Universum sich ausdehnt? Und warum tut es das?

Vesto Slipher (1875–1969) Dieser US-amerikanische Astronom untersuchte zum ersten Mal anhand von Lichtspektren die Bewegung von Galaxien sowie die Atmosphäre und die Rotation von Planeten.

Isaac Newton (1643–1727) Heute kennen wir Newton vor allem für seine Bewegungsgesetze und seine Gravitationslehre, mit der er physikalische Phänomene wie die Wurfbahn und die Planetenbahnen beschrieb. Er formulierte aber auch die Infinitesimalrechnung.

Prisma Ein keilförmiges optisches Glas, das Licht von unterschiedlicher Wellenlänge unterschiedlich stark bricht (ablenkt).

Spektrum Band aus Lichtfarben, das durch Auffächerung (Lichtbrechung oder Lichtbeugung) eines Lichtstrahls in Wellen unterschiedlicher Wellenlänge und Frequenz (also Farbe) entsteht.

Wellenlänge Der Abstand zwischen zwei aufeinanderfolgenden Bergen oder Tälern einer Welle.

Der erste und wichtigste Beweis, dass sich der Weltraum ausdehnt, wurde noch vor Hubbles Bestätigung der Existenz unabhängiger Galaxien erbracht. **Vesto Slipher** begann bereits im Jahr 1912 in Flagstaff in Arizona mit einer Bestandsaufnahme der seltsamen »Spiralnebel«.

Slipher analysierte diese weit entfernten Objekte mit einem optischen Instrument namens Spektrograf. Darin wird das schwache Licht aus dem Teleskop in seine Wellenlängen oder Farben zerlegt. Eine solche Lichtzerlegung hatte **Isaac Newton** um 1660 zum ersten Mal demonstriert: Ein dünner Strahl von weißem Sonnenlicht teilte sich in einem **Glasprisma** in ein **Spektrum** von Regenbogenfarben auf.

Fast jedes natürliche Licht, auch das der Sterne, setzt sich aus vielen verschiedenen Farben zusammen (Objekte senden Energie aus oder reflektieren sie bei einer unterschiedlichen **Wellenlängenverteilung**, was die Farbe ergibt). Allerdings ist das Licht von Sternen so schwach, dass selbst Teleskope damals nicht genügend davon für ein Spektrum des sichtbaren Lichts einfangen konnten. Erst Mitte des 19. Jahrhunderts änderte sich dies mit der Erfindung der Fotoplatte. Die auf ihnen minuten- oder sogar stundenlang absorbierten schwachen, verschwommenen Lichtspuren bieten wertvolle Informationen.

A Arp 274 sieht aus wie eine Gruppe eng zusammenliegender Galaxien. In Wirklichkeit entfernt sich die mittlere Galaxie von der Erde viel schneller als die anderen, sie ist also viel weiter entfernt.

B Auf den Seiten aus Isaac Newtons *Opticks* von 1704 werden wichtige Eigenschaften von Licht beschrieben, darunter Reflexion, Brechung und die Auftrennung von weißem Licht in bestimmte Farben.

B

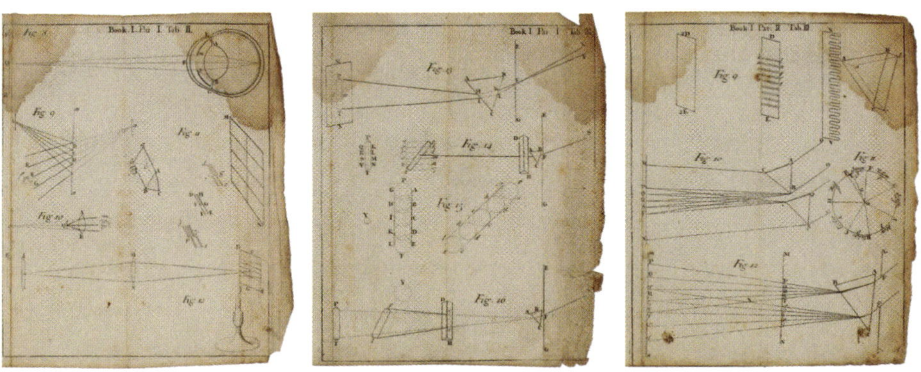

A

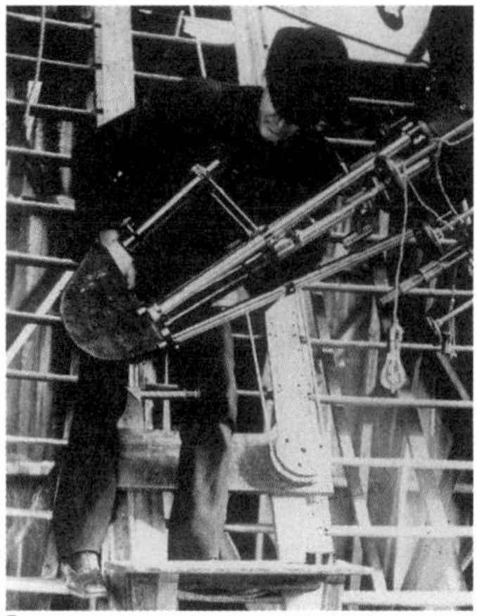

B

A Percival Lowell, Geschäftsmann und Amateurastronom, gründete 1894 das Lowell-Observatorium in Flagstaff (Arizona, USA).

B Vesto Slipher war nur einer von vielen talentierten Astronomen, die am Lowell-Observatorium arbeiten wollten.

C Spektrum von drei Sternen – einem heißen blauen Riesen, einem sonnenähnlichen Stern und einem schwachen, kalten braunen Zwerg. Die Spektren unterscheiden sich nicht nur durch ihre Lichtfarben, sondern auch durch die Verteilung der dunklen Absorptionslinien durch die Elemente in der Sternatmosphäre.

D Das Spektrum unseres Heimatsterns Sonne im Detail.

Sliphers Spektrograf fächerte das Licht von schwachen Spiralnebeln nach dem gleichen Grundprinzip wie Newtons Prisma in Spektren auf, die dann auf einer Fotoplatte eingefangen und ausgewertet wurden. Dass die **Nebel** überhaupt Spektren wie Sterne bildeten, war an sich schon bemerkenswert. Also konnten es nicht nur leuchtende Gaswolken sein (man kannte andere, eindeutige Gaswolken, aber diese sandten Licht nur in bestimmten Wellenlängen aus, so wie die Flammen von Elementen im Laborexperiment). Dagegen schienen die Spiralnebel aus unzähligen Einzelsternen zu bestehen, die so weit entfernt waren, dass man nur noch eine verschwommene Masse sah.

Genauso wichtig waren aber die dunklen Bereiche in den Spektren der Galaxien. So wie im Spektrum der Sonne und anderer Sterne fehlte Licht bestimmter Wellenlängen, und an verschiedenen Stellen im Spektrum waren dunkle Linien.

Mitte des 19. Jahrhunderts hatten die Astronomen erkannt, dass diese Linien von Gasatomen stammen müssten, die das Licht in der oberen **Atmosphäre** des Sterns absorbieren. Und weil spezifische Elemente bestimmte Farben absorbieren, konnten die Astronomen aus diesen »Absorptionslinien« einen chemischen Fingerabdruck der enthaltenen Elemente erstellen.

Mit der Entdeckung der Spektrallinien bot sich eine ganz neue Möglichkeit, die Bewegung des Sterns im Raum zu analysieren.

Alle Sterne bewegen sich. Diese »Eigenbewegung« lässt sich aber nur durch jahrelange Beobachtung als Verschiebung am Himmel feststellen, und auch nur dann, wenn man anhand seiner Parallaxe die Entfernung des Sterns genau kennt. Wenn ein Stern sich jedoch »radial«, das heißt zu uns hin oder von uns weg bewegt, kann man selbst kleine Geschwindigkeiten messen – durch den sogenannten Dopplereffekt.

C

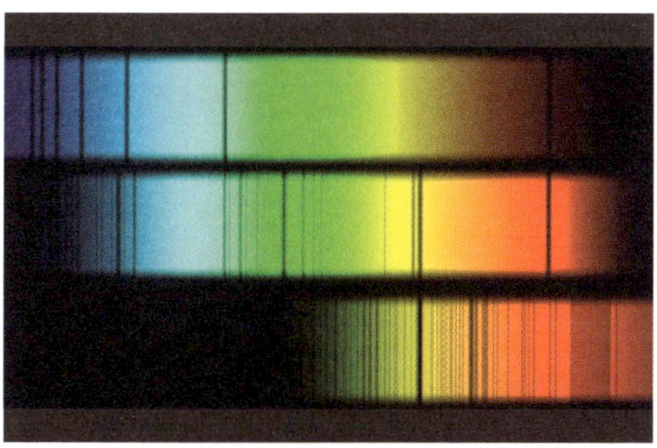

D

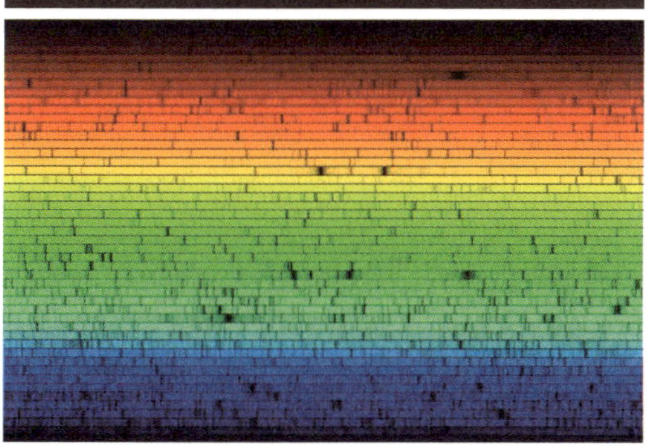

Nebel Das lateinische Wort »nebula« für »Wolke« bezeichnet klassisch alle unscharf begrenzten astronomischen Objekte, die keine Sterne sind. Da sich viele ursprünglich als Nebel klassifizierte Objekte als entfernte Galaxien herausstellten, grenzt man den Begriff heute strenger auf Wolken aus interstellarem Gas und Staub ein.

Atmosphäre Sterne sind gigantische Kugeln rein aus Gas. Als Atmosphäre wird aber nur die transparente äußere Schicht über der sichtbaren leuchtenden Oberfläche (der Photosphäre) bezeichnet.

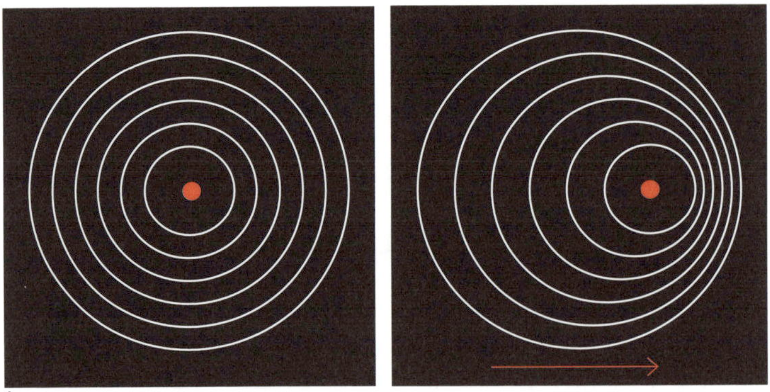

A

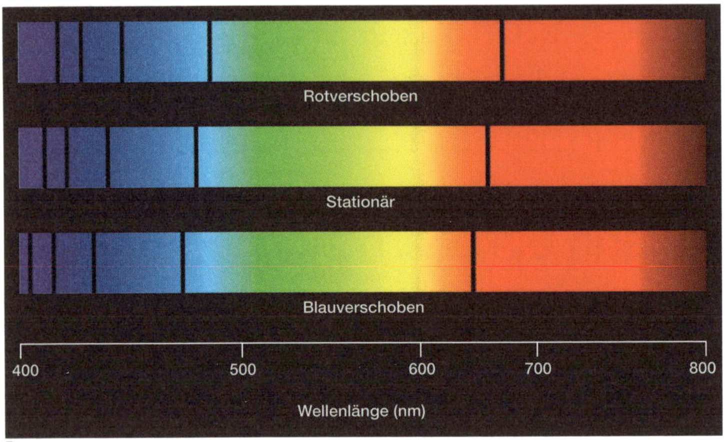

B

A Um den Dopplereffekt zu verstehen, stelle man sich zum Beispiel eine ruhende Lichtquelle vor (links), deren Lichtwellenfront sich gleichmäßig in alle Richtungen ausbreitet. Bewegt sich die Quelle, komprimiert (verkürzt) sich die Wellenfront in Bewegungsrichtung (und dehnt oder verlängert sich auf der anderen Seite).

B Normalerweise kann man bei einem Stern oder einer Galaxie die Rot- oder Blauverschiebung kaum wahrnehmen oder quantifizieren. Einfacher ist es, die Verschiebung von definierten Absorptionslinien zu messen und daraus die radiale Geschwindigkeit abzuleiten, mit der sich Objekte relativ zur Erde bewegen.

C Den instabilen Riesen Eta Carinae hielt man lange für einen Einzelstern. Seine Spektrallinien verrieten aber, dass er eigentlich ein enges Doppelsternsystem von Sternen mit etwa 50 und über 100 Sonnenmassen ist.

Den Effekt, den heute jeder als charakteristische Tonverschiebung der Sirenen von an uns vorbeieilenden Krankenwagen kennt, beschrieb der österreichische Physiker Christian Doppler (1803–1853) 1842 als Erster. Er entsteht, wenn uns Wellen (wie die Schallwellen einer Sirene) von einer uns entgegenkommenden Quelle mit höherer Frequenz (das heißt kürzeren gemessenen Wellenlängen) erreichen. Entfernt sich die Quelle von uns, sind die Wellenlängen länger und die Frequenzen kleiner. Auch wenn die Lichtgeschwindigkeit selbst konstant ist, verändert ein ähnlicher Effekt die Farbe des Sternenlichts. Einen Stern, der sich uns nähert, sehen wir mit einem blaueren Licht (mit kürzerer Wellenlänge), ein sich entfernender Stern scheint röter (mit gedehnter Wellenlänge).

Der Dopplereffekt ist allerdings nur dann nützlich, wenn wir die eigentliche Farbe der Lichtquelle, zum Beispiel eines Sterns, kennen (die Farbe, die er ohne radiale Bewegung haben würde). Und hier kommen die Absorptionslinien ins Spiel: Obwohl die Sternfarbe sehr variabel sein kann, ist das Muster der dunklen Elementlinien an bestimmte Wellenlängen gebunden. Sind diese zu stärker roten oder blauen Bereichen des Spektrums verschoben, muss ein Dopplereffekt vorliegen.

Das Messen der Blau- und Rotverschiebungen brachte mit einem Schlag einen riesigen Erkenntnisgewinn. Es war nun klar, dass viele am Himmel eng zusammenstehende Sterne sich eigentlich gegenseitig umkreisen. Und »schwankende« und aufgespaltene Linien von angeblichen Einzelsternen verrieten, dass es eigentlich sehr enge **Doppelsternsysteme** waren. Mit einer ähnlichen, verfeinerten Technik kann man heute nachweisen, dass viele Sterne von großen Planeten umkreist werden, die aufgrund ihrer großen Masse zu leichten Pendelbewegungen des Muttersterns führen.

c

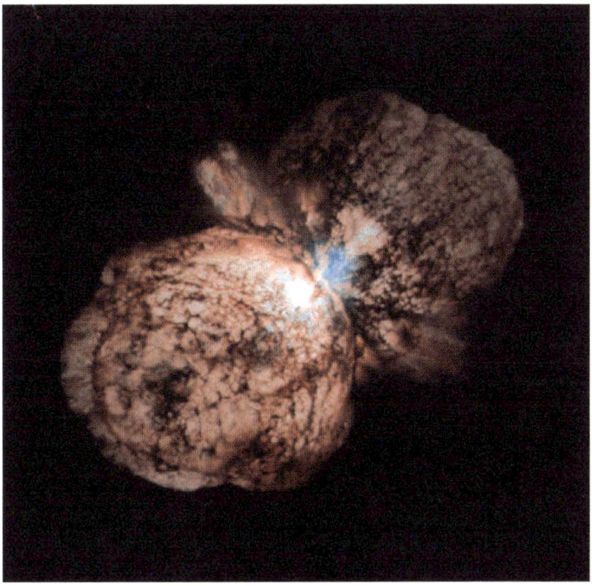

Doppelsternsystem
Ein Sternsystem, bei dem sich zwei Sterne gegenseitig umkreisen. Die meisten Sterne in unserer Galaxie sind Doppel- oder Mehrfachsternsysteme – unsere Sonne ist als Einzelstern in der Minderheit.

A

B

Für Slipher aber war die gemessene Dopplerverschiebung der Spiralnebel verwirrend. Die Verschiebung war nicht nur stärker ausgeprägt als bei den Sternen, sondern ging auch immer in die gleiche Richtung; es war stets eine Rotverschiebung, nie eine Blauverschiebung. Das heißt, alle Nebel entfernten sich von der Erde.

Die hohe Geschwindigkeit überzeugte Slipher und andere, dass die Nebel nicht wie die Sterne zur Milchstraße gehören konnten. Die meisten Sterne bewegten sich zur Erde hin oder von ihr weg im Bereich von Metern pro Sekunde. Die Nebel aber rasten mit Hunderten Kilometern pro Sekunde davon – genug, um der Schwerkraft der Galaxie zu entkommen?

Arthur Eddington

(1882–1944) Dieser britische Astrophysiker machte viele wichtige Entdeckungen zum Verhalten von Sternen. Er modellierte als Erster die Kräfte im Sterninneren und erkannte die Beziehung zwischen der Masse eines Sterns und seiner abgestrahlten Energie (Masse-Leuchtkraft-Beziehung).

A An der Andromedagalaxie kann man leicht sehen, warum viele Astronomen die Spiralnebel für sich ausbildende Sonnensysteme hielten.

B Das balkenförmige Zentrum vieler Spiralnebel lässt sich jedoch nur schwer als neugeborene Sterne deuten.

C Diese beiden Fotografien der Sonnenfinsternis von 1919 wurden auf Arthur Eddingtons Expedition gemacht. Man wollte Sternpositionen nahe der Sonne messen.

Wenn das Sterne oder noch junge Sonnensysteme wären, warum waren sie dann alle so schnell? Und wenn man das noch erklären könnte, warum gab es dann keine blauverschobenen Nebel, die genauso schnell auf uns zurasen?

c

Slipher vermutete, dass die rotverschobenen Spiralnebel eigenständige Systeme weit jenseits unserer eigenen Galaxie waren. Bis zu Hubbles Bestätigung dieser Theorie sollten aber noch einige Jahre vergehen. Unterdessen revolutionierte Einsteins allgemeine Relativitätstheorie unser Verständnis des Weltraums.

Einsteins Thesen, die mitten im Ersten Weltkrieg publiziert wurden, fanden zunächst international kaum Beachtung. Dann bekamen sie mit dem bekannten Astrophysiker **Arthur Eddington** einen prominenten Fürsprecher. Eddington organisierte 1919 eine Expedition nach Principe, einer Insel vor der Westküste von Afrika, um bei einer totalen Sonnenfinsternis die Sternpositionen nahe der Sonne zu messen – also den auf S. 33 beschriebenen Gravitationslinseneffekt nachzuweisen. Jetzt begannen viele theoretische Physiker, sich mit Einsteins Arbeiten und bestimmten Problemen darin näher zu befassen.

Wenn große Massen den Raum krümmen, was durch die allgemeine Relativitätstheorie vorhergesagt und als Gravitationslinseneffekt nachgewiesen wurde, warum war das Universum dann nicht bereits kollabiert? Die Größe des Universums galt zu der Zeit als statisch und seine Lebensdauer als unendlich. Müsste bei korrekter Relativitätstheorie die Gravitation nicht schon längst alles in einer Endkatastrophe zusammengezogen haben?

A

Um das Problem in den Griff zu bekommen, erweiterte Einstein seine »Feldgleichungen« – das mathematische Modell, das die Beziehung von Gravitation, Masse und Raumzeitkrümmung mit Zahlen versieht – um einen Zusatzterm. Diese »kosmologische Konstante« führt einen konstanten negativen Druck ein, der der Gravitation entgegengerichtet ist und die Raumzeitskala statisch lässt. Später nannte Einstein diese Idee seinen größten Fehler – ihre Wiederauferstehung Ende des 20. Jahrhunderts als mögliche Erklärung der mysteriösen »dunklen Energie« (Kapitel 3) erlebte er nicht mehr.

Die Feldgleichungen brachten den Kosmologen einige interessante »Lösungen« für die Raumzeit unter besonderen Bedingungen. Zum Beispiel konnten in Einsteins Welt theoretisch unendlich dichte Punkte existieren, Singularitäten genannt (im Kern die Objekte, die wir jetzt als **schwarzes Loch** kennen). Und aus den Feldgleichungen leitete **Alexander Friedmann** 1922 als Erster ein expandierendes Universum ab. Damit konnte er auf die kosmologische Konstante ganz verzichten.

Schwarzes Loch Eine unendlich dichte Konzentration von Masse, deren Gravitation alles, was sich zu dicht heranwagt, aufsaugt und noch nicht einmal Licht entkommen lässt.

Alexander Friedmann (1888–1925) Dieser russische Mathematiker und Physiker entwickelte Gleichungen zur Beschreibung der Formen des Raums, die in der allgemeinen Relativität möglich sind und die dabei mit dem beobachteten Universum übereinstimmten.

Georges Lemaître (1894–1966) Den belgischen Astronomen Lemaître kennt man vor allem als Begründer der Urknalltheorie. Er sagte vor Hubbles Entdeckung die Beziehung voraus, die wir heute als Hubble-Gesetz kennen. Wegen seiner Theorie des expandierenden Universums geriet er zunächst in Konflikt mit Einstein, der sagte: »Ihre Berechnungen sind korrekt, aber Ihr Verständnis von Physik ist scheußlich«.

Friedmanns Entdeckung galt damals als nicht viel mehr als eine Kuriosität (wissenschaftliche Theorien sollten, so sagte eine goldene Regel, so einfach wie möglich sein, bis neue Beobachtungen einen neuen Ansatz erfordern. Friedmann sagte nicht, wie seine Idee bewiesen werden könne). **Georges Lemaître** war 1927 deutlich erfolgreicher. Ausgehend von Einsteins Gleichungen kam er zur gleichen Folgerung wie Friedmann, und man könne das auch sehen: Je tiefer wir in den Raum hineinsehen, desto schneller würden sich die Dinge von uns wegbewegen.

Sie fliehen nicht etwa deshalb von uns weg, weil unsere Galaxie besonders unbeliebt wäre. Galaxien zerstreuen sich im expandierenden Raum wie Rosinen in einem aufgehenden Kuchenteig. Die Flucht der Galaxien resultiert einfach aus der Ausdehnung: Wenn jedes einzelne Lichtjahr oder Parsec sich im Weltraum mit gleichmäßiger Geschwindigkeit ausdehnt, dann ist der Streckeffekt größer, je tiefer wir ins All schauen.

B

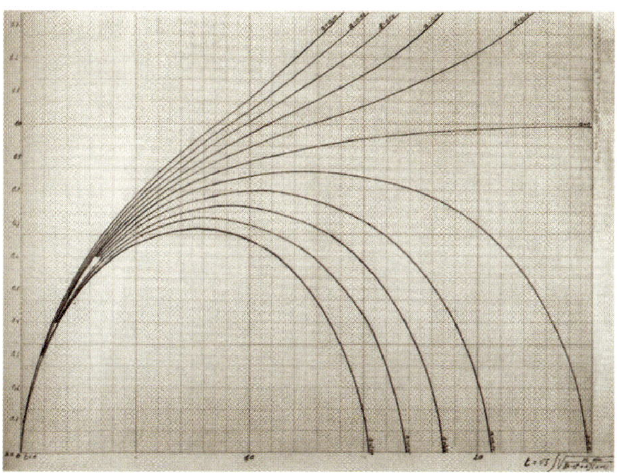

A Eine computersimulierte Sequenz zeigt, wie schwarze Löcher die Raumzeit um sich herum in einem außerordentlichen Gravitationslinseneffekt verzerren. Die drei Abbildungen simulieren die Annäherung und Verschmelzung von zwei schwarzen Löchern, die etwa so schwer sind wie ein Stern.

B In seiner Abhandlung von 1927 trug Georges Lemaître verschiedene möglichen Lösungen für Einsteins Feldgleichungen grafisch auf. Jede Raumzeitkurve entspricht einem anderen Werdegang des Universums.

Man kann sich die Galaxien zum Beispiel als Punkte auf der Oberfläche eines Luftballons vorstellen – pustet man den Ballon auf, vergrößert sich der Abstand zwischen den Punkten, und zwar umso schneller, je weiter die Punkte voneinander entfernt sind.

Genau diesen Effekt fand Hubble 1929, als er seine Studien zu den Galaxien wieder aufnahm. Aus der Helligkeitsveränderung der Cepheiden kannte er bereits die Entfernung der Galaxien. Diese verglich er mit neuen Messungen seines Kollegen Milton Humason (1891–1972) zur Rotverschiebung der gleichen Galaxien. Die Daten streuten zwar, zeigten aber eine klare Beziehung zwischen Entfernung und Rotverschiebung.

Hubbles Messungen zeigten nur eine recht grobe Beziehung. Die Gravitation der Nachbargalaxien nimmt ebenfalls Einfluss auf die Galaxienbewegung. Entsprechend groß ist der Spielraum beim Berechnen der korrekten Beziehung zwischen der Entfernung und der Rotverschiebung (dieses Verhältnis nennt man heute die Hubble-Konstante).

A Milton Humason (ganz links) und Edwin Hubble (zweiter von links) bei Einstein in der Bibliothek des Mount Wilson Observatory 1931.
B Hubbles Korrelation der Rotverschiebung gegen die berechnete Entfernung von Galaxien von 1929. Die Distanzen sind in Megaparsecs angegeben (1 Mpc = 3,26 Millionen Lichtjahre).
C Bis 1931 fügten Hubble und Humason noch weiter entfernte Galaxien hinzu.
D Diese Karte über die großräumige Galaxienverteilung wurde mit Daten des Sloan Digital Sky Survey erstellt. Als direkten Entfernungsindikator verwendeten die Astronomen die Rotverschiebung. Die Zahlen an der Mittelachse geben »z« an, das Verhältnis von Rotverschiebung und ursprünglicher Wellenlänge.

A

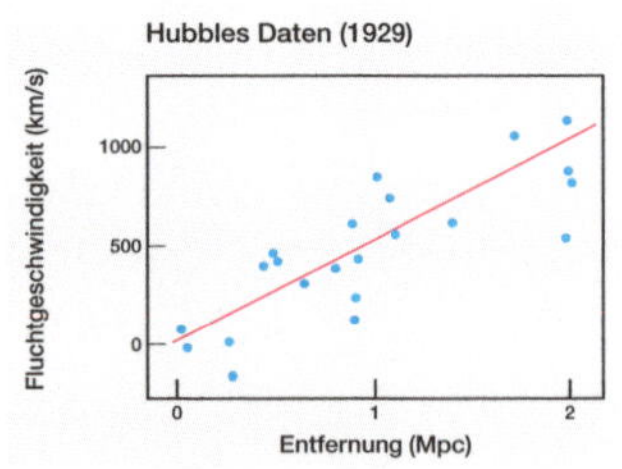

B

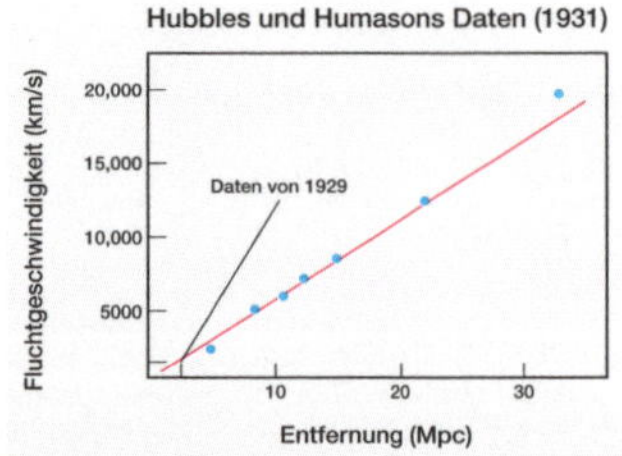

C

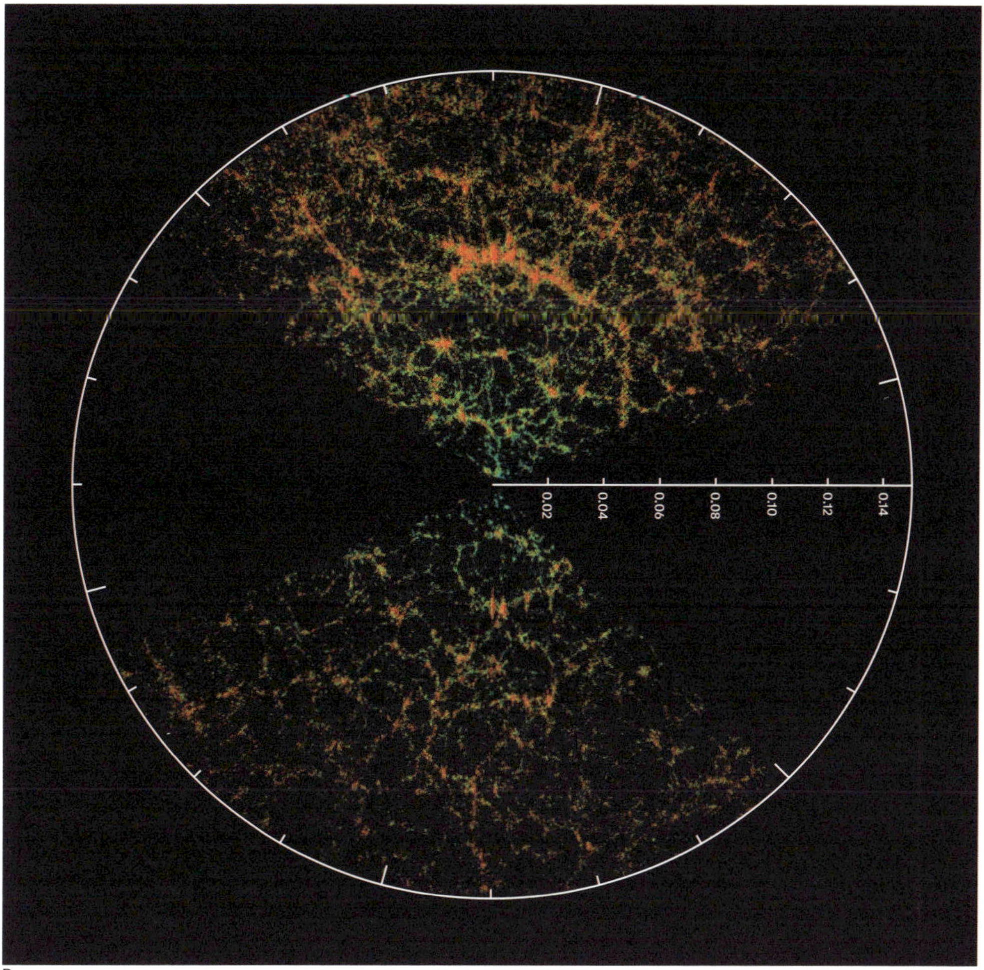

D

Hat man andererseits einen Zusammenhang gefunden, so ist auch der umgekehrte Ansatz möglich, wie wir anhand der Sternspektren in Kapitel 1 gesehen haben. Wegen der Verknüpfung von Rotverschiebung und Entfernung erübrigte sich jetzt Hubbles Methode mit den veränderlichen Sternen (welche man ohnehin nur in den allernächsten Galaxien untersuchen kann). Zur Distanzmessung reicht die Rotverschiebung aus. Man muss auch nicht mehr in Lichtjahren rechnen; die Galaxienverteilung kann man rein nach ihrer Rotverschiebung eintragen (der Buchstabe »z« in den Gleichungen).

Unsere Karten des Universums werden mit dieser Methode erstellt – hochempfindliche Spektrografen fangen das Licht von Millionen Galaxien ein, und aus der Auftragung ihrer Position gegen die Rotverschiebung ergibt sich eine dreidimensionale Karte der Materieverteilung.

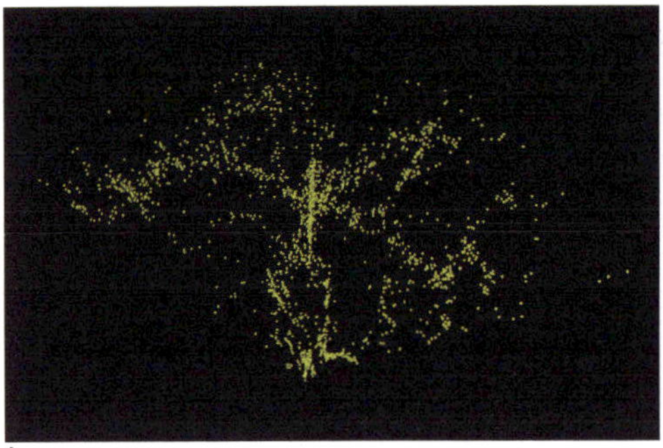

A

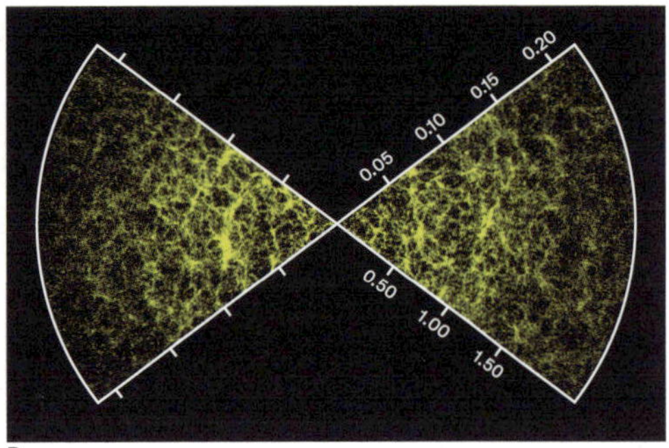

B

Die ersten Diagramme dieser Art um 1970 brachten eine Überraschung – die Materie im Universum ist klumpig verteilt. Spätere Analysen untermauerten diese Erkenntnis. Schon früh, ab den 1920ern, als man die Größe und Masse der Galaxien erkannte, hatten Astronomen vermutet, dass sie sich durch ihre Schwerkraft gegenseitig zu **Galaxienhaufen** mit vielleicht Dutzenden bis Tausenden Mitgliedern anziehen würden. Doch dann zeigten Auswertungen, dass solche Haufen ihrerseits riesige **Superhaufen** bildeten.

A Astronomen an der Harvard-Universität entdeckten um 1980 als Erste die ungleichmäßige Verteilung der Galaxien in großräumigen Strukturen namens Filamenten und Voids.

B Die Große Mauer ist eine blattartige Struktur aus Galaxien-Superhaufen in 300 Millionen Lichtjahren Entfernung. Bei einer Größe von 200 mal 600 Millionen Lichtjahren ist sie eine der größten Strukturen im bekannten Universum.

C Diese Karte aus dem Two Micron All-Sky Survey zeigt die Verteilung der Galaxien über den gesamten Himmel, während keilförmige Karten nur einen engen Ausschnitt zeigen. (Man beachte, dass das blaue Band der Milchstraße manche Richtungen verdeckt.)

Galaxienhaufen Gruppe von Galaxien, die durch ihre Gravitation miteinander verbunden sind. Solche Haufen haben in der Regel einen Durchmesser von etwa zehn Millionen Lichtjahren.

Superhaufen Ein Netzwerk von Galaxien, das sich um die hundert Millionen Lichtjahre weit erstreckt. Ihren Zusammenhalt bedingt die Gravitation, aber Verteilung und Form entstanden wohl ursprünglich aus einer ungleichmäßigen Materieverteilung während des Urknalls.

Und selbst die Superhaufen vereinigten sich noch zu Strukturen von Hunderten Millionen Lichtjahren Länge. Man gab ihnen bezeichnende Namen wie »Stickman« und »Große Mauer«. Auf dieser Größenskala besteht das Universum aus Ketten und blattartigen Strukturen von Superhaufen, den Filamenten. Sie umschließen riesige, scheinbar leere Bereiche namens Voids. Wie wir in Kapitel 3 sehen werden, fiel den Astronomen die Erklärung dieser allgemeinen Struktur überaus schwer.

Von Hubbles Entdeckung der Rotverschiebung bis zur allgemeinen Akzeptanz von Lemaîtres expandierendem Universum war es eigentlich nur ein kurzer Weg. Aber er hatte Tücken. Hubble versuchte, von einer plausiblen jetzigen Expansionsgeschwindigkeit auf die Zeit zurückzurechnen, an der alles in einem einzigen Punkt im Raum vereinigt war, in einem kosmischen Ursprung. Nach Hubbles Rechnung wäre das Universum aber »nur« zwei bis drei Milliarden Jahre alt. Das konnte nicht stimmen, denn Geologen hatten damals schon das Alter der Erde auf mehr als vier Milliarden Jahre geschätzt.

Wie kann unser Planet älter als das Universum selbst sein?

C

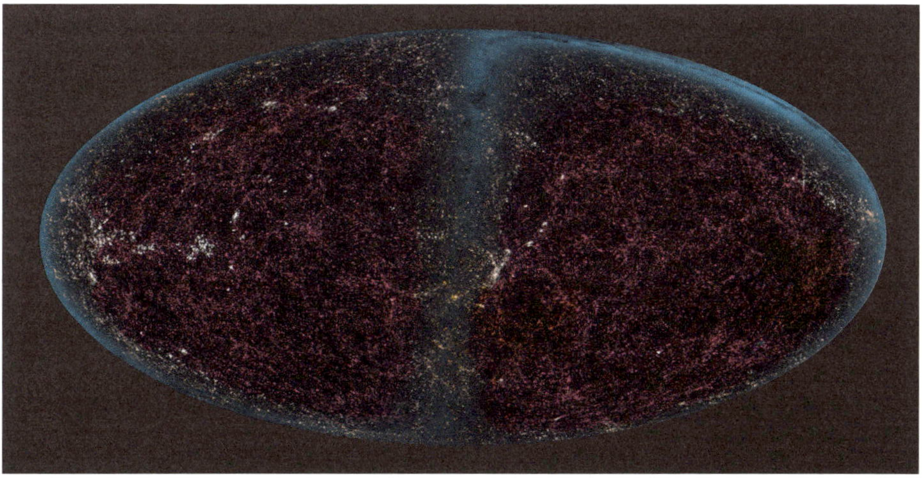

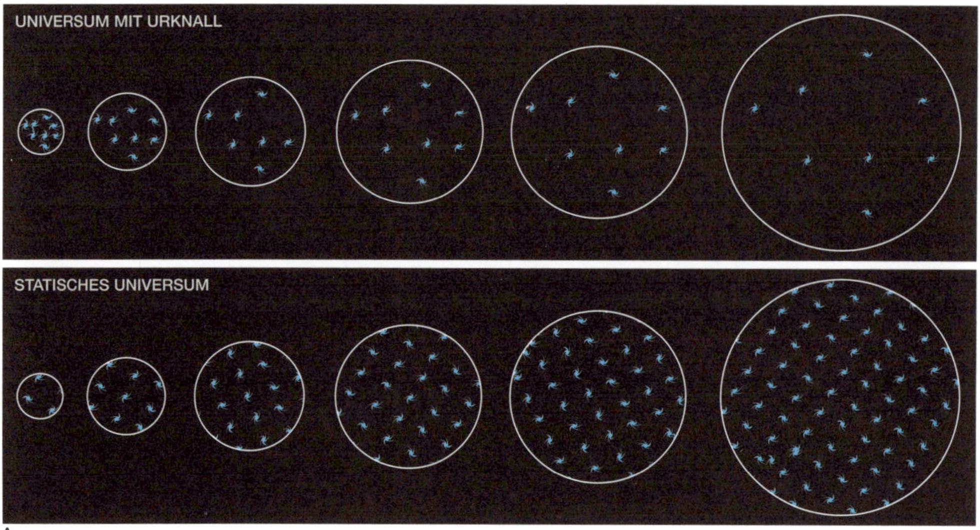

A

Hubble glaubte daher, dass irgendjemand eine alternative Erklärung für die Rotverschiebung finden würde. Auf die wahre Erklärung wurden Astronomen erst um 1930 aufmerksam: Neben den echten Cepheiden gibt es noch die intrinsisch schwächeren RR Lyrae als ähnlich veränderliche Sterne. Letztere ließen Hubble seine Konstante zu hoch ansetzen.

Trotz Hubbles Einwänden vertraute Lemaître weiter seiner Theorie. Er untersuchte die Expansion des Universums rückwärts und fand 1931 ein wichtiges Argument. So wie sich Luft aufheizt, die in einer Fahrradpumpe komprimiert wird, musste auch das Universum in seinem dichten, frühen Zustand viel heißer gewesen sein. Der gesamte Kosmos wäre demnach aus einem winzigen, überheißen und überdichten »Uratom« entstanden.

Die arrivierten Astronomen mit ihrer Auffassung eines ewigen und im Wesentlichen unveränderlichen Universums lehnten Lemaîtres Ideen zunächst ab. So ließ Friedmann zwar die Idee gelten, dass das Universum zur jetzigen Zeit aus einem ehemals heißen und dichten Zustand heraus expandiere. Vielleicht gebe es aber zyklische Phasen von Expansion und Kontraktion.

Beliebter war die Theorie eines »statischen Universums«. Führende Kosmologen waren der Ansicht, dass sich die Dichte des Universums trotz Expansion nicht verändert und deshalb Materie kontinuierlich nachgebildet werde. Ironischerweise war es einer der glühendsten Vertreter der statischen Theorie, der Brite Fred Hoyle (1915–2001), der 1949 erklärte, so etwas sei nichts weiter als ein »Big Bang«, was er als Verunglimpfung von Lemaîtres Ideen meinte.

Allerdings hatte es damals schon zwei große Durchbrüche zur Urknalltheorie gegeben, sodass sie bald unter ihren Konkurrenten zur vorherrschenden Theorie über die Vergangenheit, Gegenwart und Zukunft des Universums aufstieg. **Ralph Alpher** und der gebürtige Ukrainer George Gamow (1904–1968) hatten 1948 (in Übereinstimmung mit Einsteins Gleichung **$E = mc^2$**) gezeigt, dass Materie und Energie im frühen Universum austauschbar gewesen sein mussten.

A In einem Universum mit Urknall (oben), das sich seitdem ausdehnt, wird der Abstand zwischen den Galaxien stetig größer. In einem statischen Universum (unten) muss sich kontinuierlich Materie nachbilden, damit die Dichte an Galaxien gleich bleibt.

B Zwischen 1930 und 1950 wurden Lemaîtres Ideen immer beliebter. 1949 bezeichnete sie Fred Hoyle in einem von der BBC ausgestrahlten Interview einprägsam als »Big Bang« (Urknall).

B

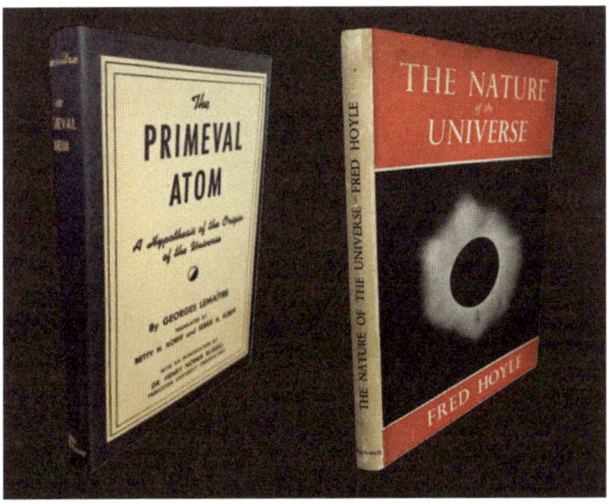

Ralph Alpher (1921–2007) Dieser US-amerikanische Kosmologe entwickelte zusammen mit seinem Doktorvater Gamow die mathematische Beschreibung dafür, wie aus der Energie, die beim Urknall freigesetzt wurde, Elemente gebildet wurden. Zur Präsentation seiner Doktorarbeit kamen mehr als 300 Leute, einschließlich Journalisten.

$E = mc^2$ Einsteins Aussage, dass Masse und Energie äquivalent sind: Die in einem Körper enthaltene Energie ist gleich seiner Masse mal dem Quadrat der Lichtgeschwindigkeit.

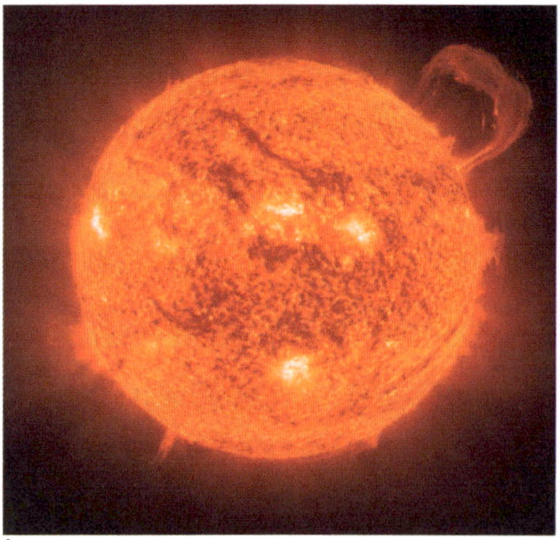

A

B

Als sich der Weltraum ausdehnte und Temperatur und Energiedichte abnahmen, formten sich aus Energie Materieteilchen. Deren Anteil stimmt perfekt mit dem Elementmix überein, aus dem der Kosmos von heute besteht. Es bildeten sich gewaltige Mengen Wasserstoff, das einfachste Element, weniger Helium, das zweiteinfachste, und kaum andere Elemente (sämtliche schwereren Elemente in unserem heutigen Universum entstanden im Innern der Sterne durch **Kernfusion** und andere Prozesse).

Im Gegensatz zu den konkurrierenden Modellen konnte daher der Urknall eine wichtige Eigenschaft des Universums erklären.

A Sterne wie die Sonne erzeugen ihre Strahlungsenergie durch Kernfusion. Kerne von leichteren Elementen verschmelzen zu schwereren. Irgendwann ist der Brennstoff verbraucht.

B Am Ende eines Sternenlebens werden seine äußeren Schichten in den Raum geschleudert. Die im Kosmos verstreuten Elemente gehen später in Sterne und Planeten ein. Besonders massereiche Sterne enden in Supernovae mit kurzfristig äußerst heftigen Fusionsereignissen. Hier werden die seltensten und schwersten Elemente gebildet.

C Mit einer solchen hornförmigen Radioantenne entdeckten Arno Penzias und Robert Wilson die kosmische Mikrowellenhintergrundstrahlung.

Kernfusion Bei diesem Vorgang verschmelzen einfache Atomkerne zu komplexeren Atomkernen. Dabei wird Energie frei. Die Fusion ist die Kraftquelle für das Leuchten der Sterne.

Mikrowellen Elektromagnetische Strahlung mit Wellenlängen zwischen 1 Meter und 1 Millimeter. Kürzere Wellenlängen hat die höherenergetische Infrarotstrahlung, längere Wellenlängen haben niederenergetische Radiowellen.

Der zweite Durchbruch war eine überprüfbare These. Ebenfalls 1948 meinten Alpher und der US-Amerikaner Robert Herman (1914–1997), dass der expandierende Feuerball des frühen Universums ein Nachleuchten produziert haben müsse, das heute noch nachzuweisen sei. Strahlung aus diesem Nachleuchten wäre extrem stark rotverschoben – so stark, dass sie noch langwelliger wäre als infrarote oder »Wärmestrahlung«. Als kurzwellige Radiowellen – also **Mikrowellen** – wäre sie im gesamten Universum vorhanden und würde es auf ein paar Grad über den absoluten Nullpunkt (der tiefstmöglichen Temperatur) aufwärmen.

Bis 1964 galt Alpher und Hermans These als Kuriosität. Der tatsächliche Nachweis geschah dann eher zufällig. Die Radioastronomen Arno Penzias (* 1933) und Robert Wilson (* 1936) bemerkten bei der Überprüfung einer hochempfindlichen Radioantenne an den Bell Telephone Laboratories in New Jersey, USA, ein schwaches, aber stetiges »Rauschen«.

C

Das Signal schien von überall im All zu kommen und konnte nicht mit einer künstlichen Quelle erklärt werden (auch nicht mit den in der Antenne wohnenden Tauben). Es passte am besten zu einer einheitlichen »Hintergrundstrahlung« von etwa 3 °C über dem absoluten Nullpunkt. Penzias und Wilson dachten zunächst nicht an das vorhergesagte Nachleuchten des Urknalls. Erst ein Kollege wies sie auf einen neuen Artikel einer Forschergruppe hin, die genau danach suchen wollten. Damit wurde schnell klar, dass sie den Treffer gelandet hatten.

Heute nennen wir dieses Signal aus den Kindertagen des Universums kosmische Mikrowellenhintergrundstrahlung (kurz CMBR für »Cosmic Microwave Background Radiation«). Ihre Durchschnittstemperatur wurde später genauer auf 2,7 K (Kelvin) gemessen. Dieser Beweis für die Urknalltheorie war erdrückend – nicht nur war die Strahlung vorausgesagt worden, die konkurrierenden Modelle hatten gar keine Erklärung.

[A5] [A6] [A7] [A8] [A9]

Der Urknall war nun bestätigt, und man kam auf die Frage zurück, wie schnell sich das Universum ausdehnt.

B

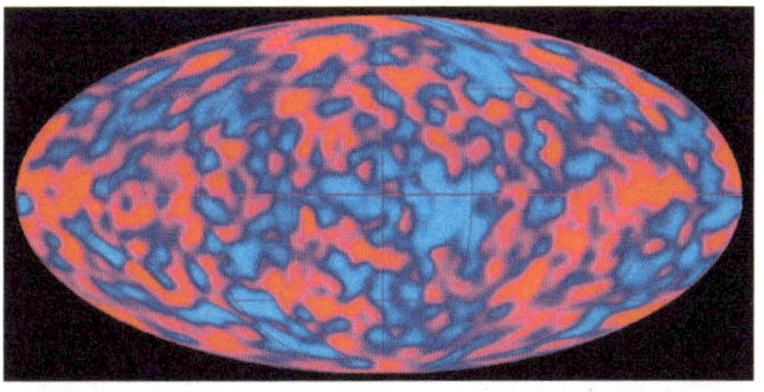

C

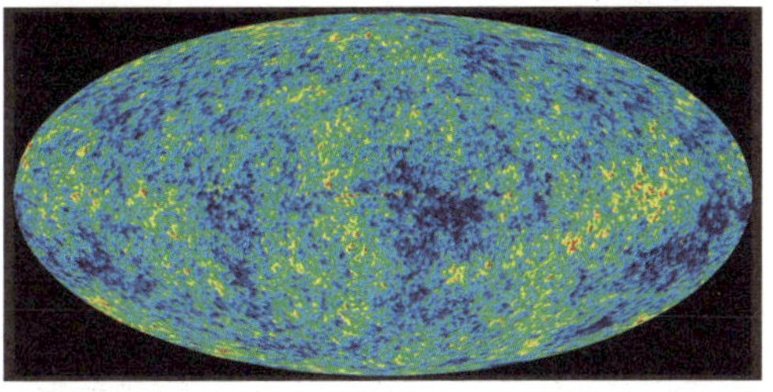

D

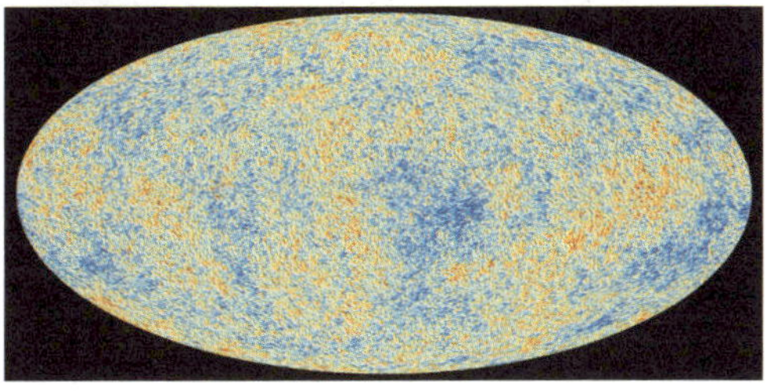

A In den 13,8 Milliarden Jahren seit dem Urknall reicherten sich stetig immer schwerere und komplexere Elemente im Universum an. Die Elemente unserer Erde wurden gebildet.
A1 Urknall, vor 13,8 Milliarden Jahren.
A2 Nach 400 000 Jahren verbinden sich subatomare Teilchen zu Atomkernen und vollständigen Atomen.
A3 Nach etwa 200 Millionen Jahren bilden sich die ersten Sterne.
A4 Was von den ersten Sternen übrig bleibt, bildet die Kerne von Galaxien.
A5 Galaktische Winde wehen angereichertes Material in den intergalaktischen Raum.
A6 Sterne produzieren aus leichten Elementen schwere Elemente.
A7 Schwere Elemente eines sterbenden Sterns verstreuen sich in der Galaxie.
A8 Supernova-Explosionen erzeugen die schwersten Elemente überhaupt.
A9 Schwere Elemente formen die Gesteinsplaneten.
B Die erste Karte des Mikrowellenhintergrunds erstellte der Satellit COBE im Jahr 1992.
C Neun Jahre Beobachtung durch den Satelliten WMAP ergab 2012 diese deutlich verfeinerte Karte.
D Diese extrem hoch aufgelöste Karte der Hintergrundstrahlung erstellte das Planck-Weltraumteleskop der ESA im Jahr 2013.

Nimmt man eine kontinuierliche Expansion seit dem Urknall an, so sollte man aus der heutigen Expansionsgeschwindigkeit (die mittels der Hubble-Konstante gemessen wurde) auf den Anfangszeitpunkt der Expansion und folglich das Alter des Universums rückschließen können. Hubbles frühe Messungen wurden bereits 1957 von **Allan Sandage** deutlich verbessert. Mit der Korrektur durch die RR Lyrae-Sterne errechnete er eine Ausdehnung mit 75 Kilometern pro Sekunde pro **Megaparsec**. Das heißt, pro 3,26 Millionen Lichtjahre Distanz nimmt die Geschwindigkeit der Galaxien (um lokale Unterschiede bereinigt) um durchschnittlich 75 Kilometer pro Sekunde zu. Eine Galaxie, die 9,8 Millionen Lichtjahre entfernt ist, flieht mit einer Geschwindigkeit von etwa 225 Kilometer pro Sekunde. Eine Galaxie in 98 Millionen Lichtjahren Entfernung ist zehn Mal schneller.

A

B

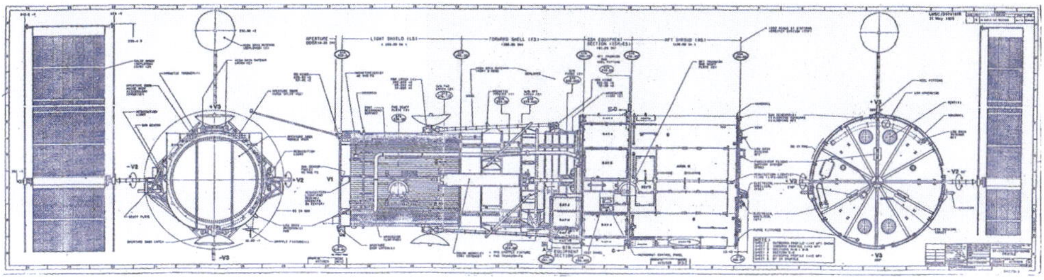

Sandages berechneter Wert für die Hubble-Konstante betrug nur etwa ⅙ des ursprünglichen Werts von Hubble. Trotz einer gewissen Schwankungsbreite ließ sich das Alter des Universums nun auf 10 bis 20 Milliarden Jahre festlegen. Im Laufe der folgenden Jahrzehnte wurde der Wert immer weiter verfeinert. Ihn endgültig festzulegen, war ein Hauptziel der Mission mit dem Hubble-Weltraumteleskop (Hubble Space Telescope, HST). Nach seinem Start 1990 suchte und vermaß das HST zehn Jahre lang Cepheiden in entfernten Galaxien. Das Ergebnis von 72 Kilometer pro Sekunde pro Megaparsec für die Expansionsgeschwindigkeit lag dann erfreulich dicht an Sandages früher Schätzung. Heute berechnen Kosmologen den Zeitpunkt des Urknalls als vor etwa 13,8 Milliarden Jahren.

A Hoch über der Erdatmosphäre hat das HST von allen optischen Teleskopen die beste Sicht.

B Diese Blaupause von 1981 dokumentiert für das HST eine Länge von 13,2 Metern. Der Hauptspiegel hat einen Durchmesser von 2,4 Metern.

C Seiner Konzeption nach sollte das HST regelmäßig von Space Shuttles angeflogen und gewartet werden. Dank verschiedener Reparaturen und Ersetzungen bildete es seit seinem Start von 1990 mehr als 25 Jahre das Nonplusultra der Astronomie.

Allan Sandage (1926–2010) Der US-amerikanische Astronom verfeinerte nicht nur die Modelle für das Alter und die Expansion des Universums. Er arbeitete auch an einem der ersten Modelle zur Formbildung der Galaxien mit und identifizierte den ersten Quasar – entfernte Galaxien, die durch ihre intensive Strahlung aus ihrem Zentrum leicht für Sterne gehalten werden.

Megaparsec Astronomische Entfernungseinheit, abgekürzt Mpc. Ein Megaparsec entspricht 1 Million Parsec oder 3,26 Millionen Lichtjahren.

C

A

Aktiver galaktischer Kern
Das Zentrum einer Galaxie mit einem supermassereichen schwarzen Loch, das aktiv seine Umgebung einsaugt. Die entstehende Scheibe aus einfallender Materie ist Millionen Grad heiß und sendet gewaltige Strahlungsmengen aus.

A Dieser relativ dichte Galaxienhaufen namens MACS J0416.1-2403 ist 4 Milliarden Lichtjahre entfernt. Seit ihn das Licht, das wir heute sehen, verließ, hat er sich wahrscheinlich völlig verändert und wäre nicht wiederzuerkennen.

B »Deep-field«-Bilder von engen Himmelsausschnitten gewähren uns einen Blick auf selbst 10 Milliarden Lichtjahre entfernte Galaxien. Solche Galaxien sind noch jung und haben oft aktive galaktische Kerne.

Die enorme Größe des Weltraums und die nur endliche (wenn auch riesige) Lichtgeschwindigkeit ergeben zusammen eine natürliche Zeitmaschine für das Universum. Für jede 100 Millionen Lichtjahre, die wir in den Weltraum hineinblicken, blicken wir auch 100 Millionen Jahre in der Zeit zurück und lernen etwas über die Vergangenheit.

Im nahen Universum erzählt uns diese kosmische Zeitmaschine wenig Neues: Dass wir Licht sehen, das ein Stern vor vielen Hundert oder eine Galaxie vor Dutzenden Millionen Jahren ausgesandt hat, ist sicherlich interessant. Auf der Zeitskala eines Sternen- oder Galaxienlebens fällt diese Zeitspanne aber kaum ins Gewicht. Ganz anders ist das bei größeren Distanzen.

Dank der heutigen leistungsfähigeren Teleskope können wir inzwischen Strahlung von Objekten messen, die viele Milliarden Lichtjahre entfernt sind. Damit reichen wir schon weit in die frühen Tage des Universums hinein, als alles zum ersten Mal zusammenkam.

Galaxien aus dieser früheren Epoche erscheinen weniger strukturiert als die eleganten Spiralen von heute. Kollisionen und Fusionen sind häufig, und im Herzen der Galaxien befindet sich nicht selten eine sprühende Energiequelle, die wir **aktiven galaktischen Kern** nennen. Wir sehen frühe Stadien der Zusammenballung von Galaxien. Aus Kollisionen von kleineren unregelmäßigen Sternenwolken formten sich allmählich die enormen rotierenden Scheiben, Spiralen und Sternhaufen.

B

Die ganz weit entfernten Galaxien sind extrem rotverschoben – so sehr dehnt sich der Weltraum zwischen ihnen und uns, dass sie bereits mit einem beträchtlichen Bruchteil der Lichtgeschwindigkeit davonrasen. Ihr Licht entschwindet bereits in den infraroten Wellenlängenbereich.

Das HST kann mit seinem Nahinfrarotbereich Galaxien erfassen, die für normales Licht zu weit entfernt und zu schwach sind. Aber ab etwa 10 Milliarden Lichtjahren ist die Rotverschiebung auch für das HST zu groß. Daher soll Hubbles Nachfolger der NASA, das James-Webb-Weltraumteleskop, noch tiefer in die kosmische Dämmerung hineinreichen und Galaxien im **Infraroten** suchen.

Eine Strahlenquelle können wir aber von noch früher sehen – das schwache Leuchten der Mikrowellenstrahlung (CMBR).

A

A Der Spiegel des riesigen James-Webb-Weltraumteleskops besteht aus 18 hexagonalen Segmenten aus goldbedampftem Beryllium, bei einem Gesamtdurchmesser von 6,5 Metern. Konzipiert für die Infrarotastronomie, soll er daneben rotes und oranges Licht sowie das Licht der entferntesten Objekte im Universum einfangen.

B Die Planck-Sonde identifizierte eigenartige Strukturen im Mikrowellenhintergrund (oben), zum Beispiel eine kleine Temperaturdifferenz in den beiden Hemisphären, und einen großen kalten Fleck (markiertes Oval). Die Polarisierung (die »Orientierung« der Strahlung) verrät uns etwas über das frühe Universum.

Infrarotlicht Elektromagnetische Strahlung mit Wellenlängen von 700 Nanometern (Milliardstel Meter) bis 1 Millimeter. Prozesse, die zu schwach für sichtbares Licht sind, produzieren das Infrarotlicht mit seiner teils erheblichen Wärmewirkung.

B

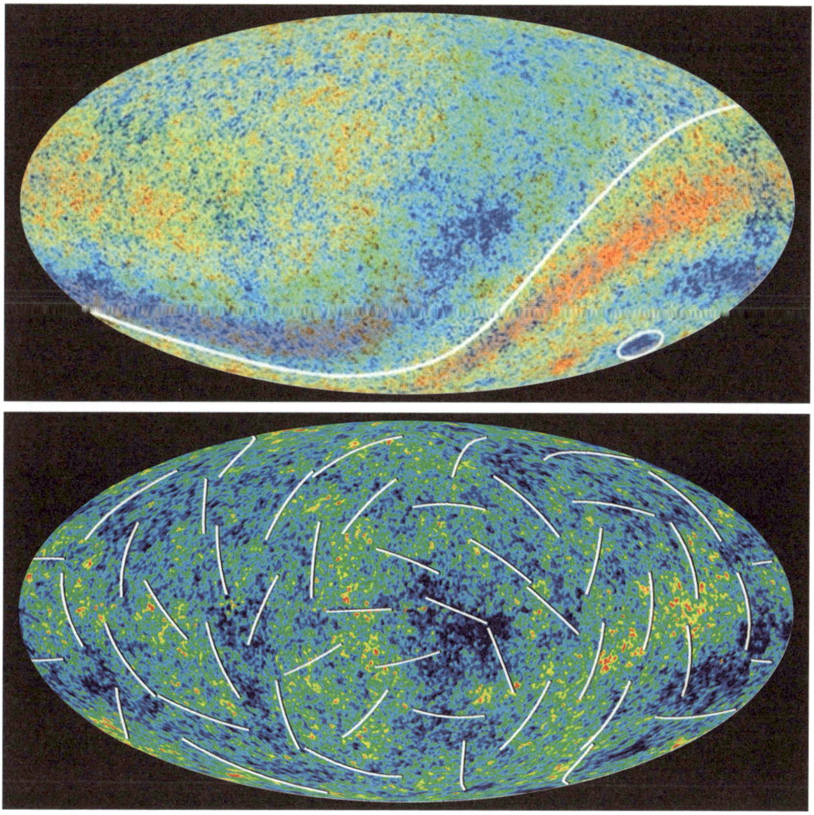

Diese Strahlung legte vom Feuerball des Urknalls (genauer gesagt 360 000 Jahre später, als das ursprünglich trübe Universum durchsichtig wurde) bis zur Erde 13,8 Milliarden Jahre durch den Weltraum zurück. Wohin wir auch blicken, sie bildet um den gesamten Himmel eine undurchdringliche Wand. Näher kommen wir nicht an den Urknall heran. Die CMBR wurde und wird intensiv erforscht. Winzige Variationen in seiner Strahlungstemperatur sagen uns, welche Strukturen bereits im frühen Universum angelegt waren und sich dann als Materie in den Filamenten und Voids unseres heutigen Universums so großformatig anreicherten.

Der Rand der CMBR entfernt sich von uns mittlerweile mit knapp Lichtgeschwindigkeit. Heute sehen wir diese CMBR als schwache Mikrowellenstrahlung, aber einst war ihr Licht so intensiv wie das Licht aller Sterne zusammen. Ihre Wellenlänge streckte sich, als sie den expandierenden Weltraum durchquerte.

Dadurch hat der sichtbare Kosmos für uns ein Ende – tiefer als bis zu Objekten, deren Licht uns innerhalb der 13,8 Milliarden Jahre seit dem Urknall erreichen kann, können wir in den Kosmos nicht hineinsehen. Insofern hatten die griechischen Philosophen der Antike recht – wir stehen im Zentrum unseres eigenen Universums, einer expandierenden Blase aus Raumzeit, deren Grenze in jede Richtung von der Zeit seit dem Urknall definiert wird.

Entgegen der Intuition hat dieses »beobachtbare« Universum keinen Radius von 13,8 Milliarden Lichtjahren. Es ist erheblich größer, denn wir müssen die Ausdehnung des Weltraums während der 13,8 Milliarden Jahre Reisezeit des Lichts zu uns dazuzählen. Also liegen die Regionen, in denen wir die CMBR derzeit entstehen sehen, »jetzt« etwa 46 Milliarden Lichtjahre entfernt.

Natürlich ist das beobachtbare Universum nicht als Gesamtheit der Schöpfung zu verstehen. Jede Galaxie, jeder Planet, selbst jede einzelne Person ist Zentrum seiner eigenen Blase aus Raumzeit. Und deren Grenzen reichen vielleicht deutlich weiter als was wir sehen können. Vielleicht ist »unser« Univer-

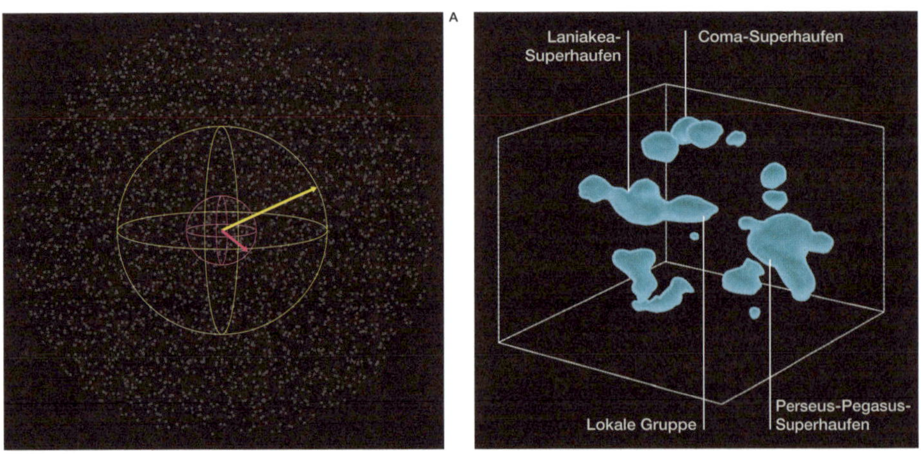

A Der Erwartung nach müsste das beobachtbare Universum einen Radius von nicht mehr als 13,8 Milliarden Lichtjahren haben (pink). Wegen der kosmischen Expansion liegen aber die weitesten anhand ihres Lichts nachweisbaren Objekte jetzt etwa 46 Milliarden Lichtjahre entfernt, und das Universum selbst erstreckt sich noch viel weiter.

B In den Milliarden Lichtjahren Weltraum um die Erde herum liegen immense Strukturen wie der Laniakea-Superhaufen, der Coma-Superhaufen und das Perseus-Pegasus-Filament.

C In dieser ungewöhnlichen Darstellung des Universums sind die kosmischen Objekte in einer logarithmischen Skala eingezeichnet. Mit jeder Stufe wächst die Entfernung mit dem Faktor zehn.

C

sum endlich, und ein Betrachter auf einem Planeten am »äußeren Rand« sieht in einer Richtung unseren Teil des Kosmos, wie er entsteht. In einer anderen Richtung könnte er jedoch etwas sehen, das unserer Wahrnehmung für immer entzogen ist.

Das Universum dehnt sich also aus. Wird das für immer so sein, bis ein endloses Meer aus überlappenden Blasen entstanden ist?

Friedmann stellte einst durch seine Berechnungen aufgrund der allgemeinen Relativitätstheorie fest, dass das Schicksal des Universums von der Dichte der Masse abhängt, die den Weltraum um sie herum krümmt. Die kosmische Ausdehnung ist wichtig, aber die Frage nach der Masse bleibt zentral. Und hier wollen wir uns Kapitel 3 zuwenden.

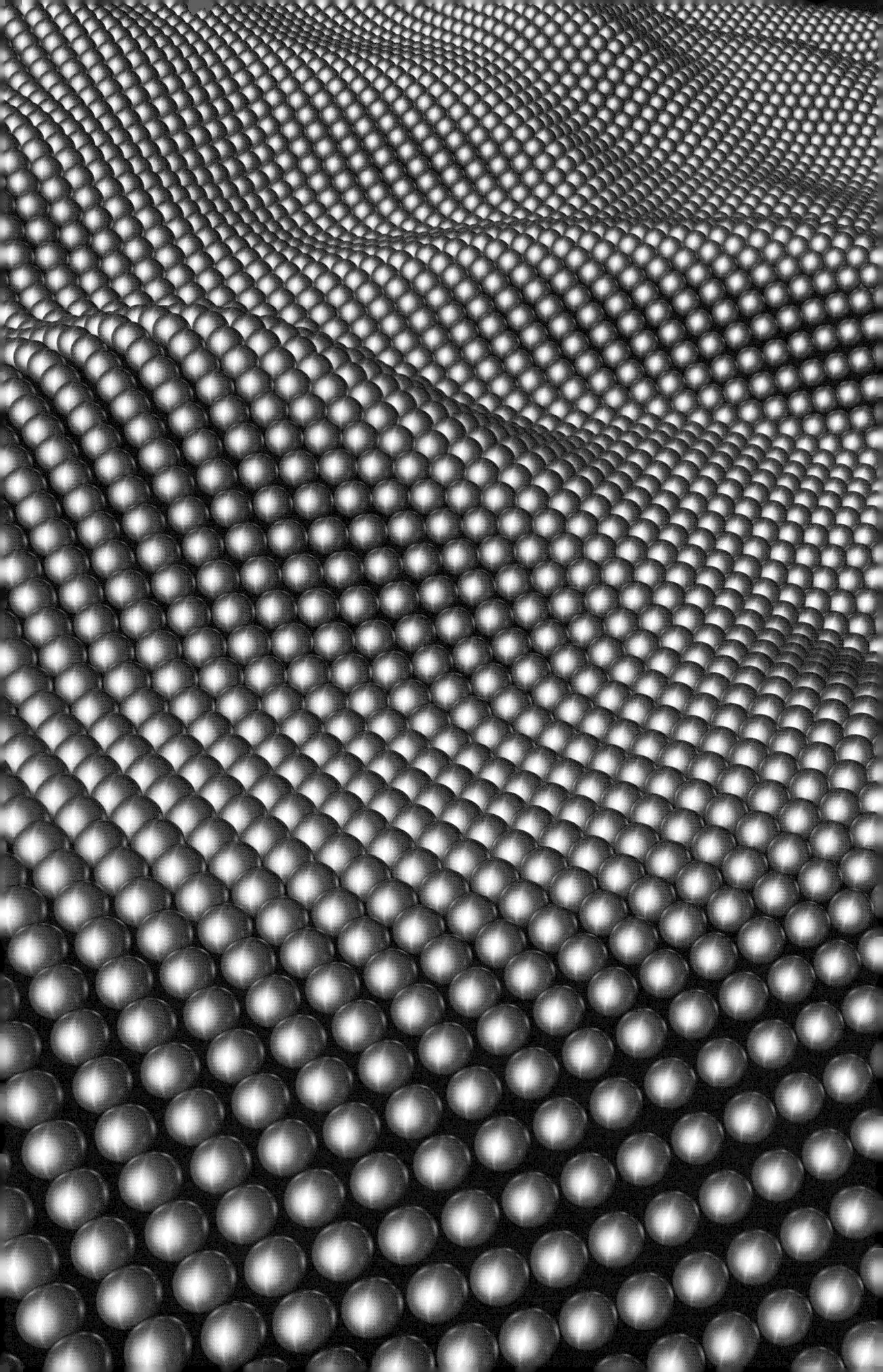

3. Der Omega-Faktor

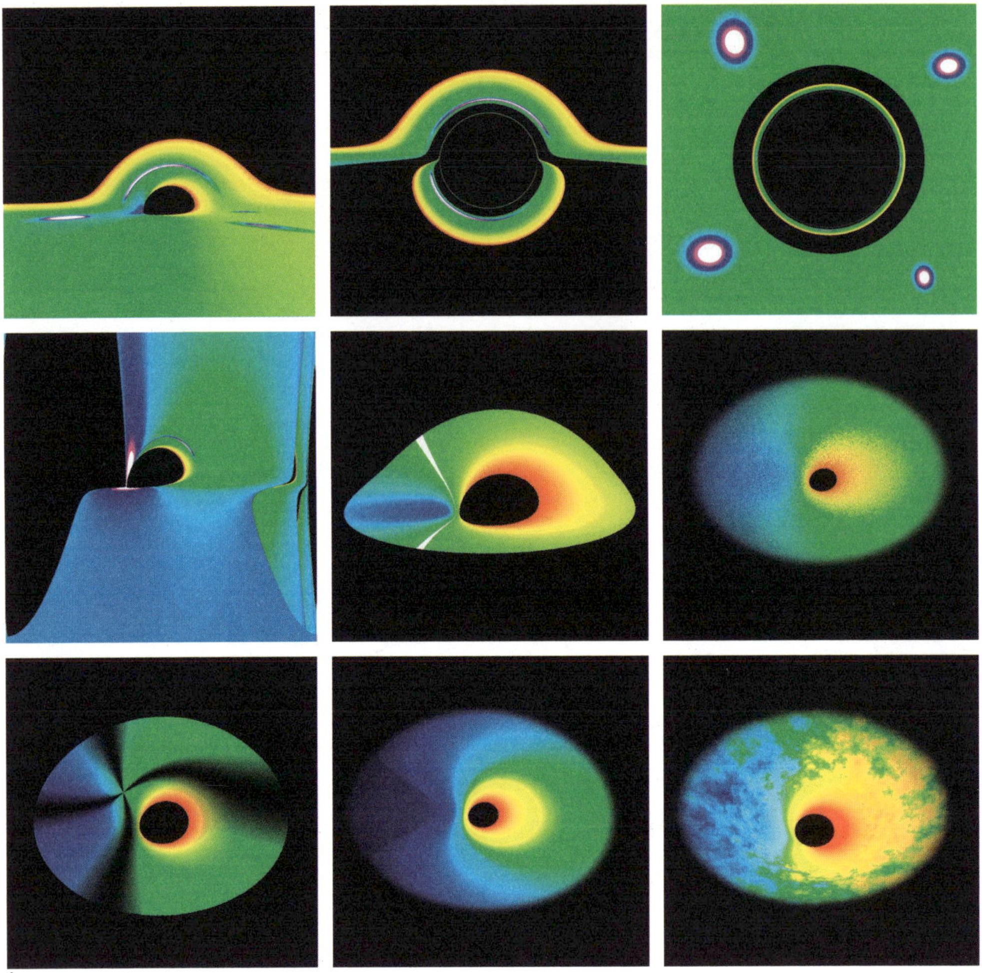

A

Jede Frage nach der Form des Universums führt immer wieder zu dieser einen vermeintlich einfachen Frage zurück – wie viel Masse enthält es?

A Computersimulationen modellieren die Raumzeitkrümmung durch ein schwarzes Loch und die Auswirkungen auf die drei Raumdimensionen. Die Farben geben die Intensität der Rotverschiebung an – die Dehnung des Lichts beim Durchlaufen des gekrümmten Raums nahe eines schwarzen Lochs. Der schwarze Bereich im Zentrum ist der Ereignishorizont – die Grenze, aus der selbst Licht nicht mehr entweichen kann. Auch wenn schwarze Löcher relativ kleinskalige Phänomene sind, verraten uns diese Modelle dennoch etwas über die Raumkrümmung im ganz großen Maßstab, wie nämlich die gesamte Masse des Universums ihren eigenen Raum krümmt und verzerrt.

Nach Einsteins allgemeiner Relativitätstheorie krümmt und verzerrt Masse die Raumzeit, was sich als Gravitation bemerkbar macht. Je größer die Masse und je dichter konzentriert sie ist, desto stärker ist die Verzerrung und desto größer die Gravitation.

Zur Veranschaulichung der Effekte der allgemeinen Relativitätstheorie lässt man häufig eine der drei Raumdimensionen weg. Dann wird der Raum zu einer zweidimensionalen Membran, einem Gummituch. Eine Masse auf diesem Tuch formt eine Mulde. Solche Gravitationsmulden lenken alles, was ihnen zu nahe kommt, in der Bewegung ab. Ein schwarzes Loch ist demnach die extrem tiefe Gravitationsmulde eines unendlich dichten Massepunkts, den man Singularität nennt. Für hineinfallende Objekte und Strahlung gibt es keine Hoffnung auf Rückkehr.

B

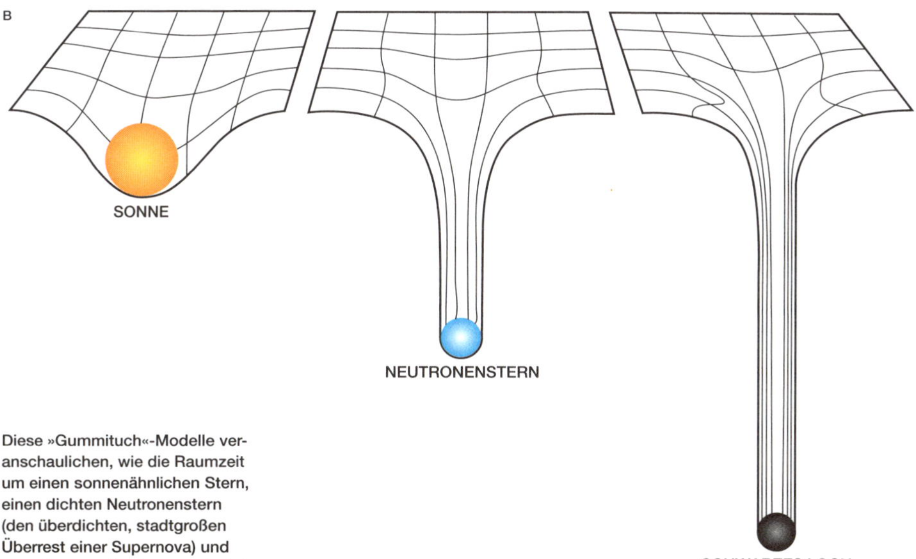

B Diese »Gummituch«-Modelle veranschaulichen, wie die Raumzeit um einen sonnenähnlichen Stern, einen dichten Neutronenstern (den überdichten, stadtgroßen Überrest einer Supernova) und ein schwarzes Loch verzerrt wird. Der Weltraum wurde jeweils auf eine zweidimensionale Membranfläche reduziert.

Sollte die gesamte Masse des Universums den Weltraum wie oben beschrieben krümmen, gibt es drei Möglichkeiten. Ist die Gesamtmasse groß genug, könnte sich der Weltraum um sich selbst wie um eine Kugel wickeln. Dann wäre das Universum mit positiver Krümmung »geschlossen«. Offenbar parallele Lichtstrahlen würden in großen Entfernungen zusammenlaufen. Ist zu wenig Materie vorhanden, also bei immerwährender kosmischer Expansion seit dem Urknall, könnte sich der Weltraum sattelförmig mit negativer Krümmung nach außen biegen. In diesem »offenen Universum« würden parallele Lichtstrahlen auseinanderdriften. Dazwischen gibt es auch eine goldene Mitte: Die Menge an Masse ist »gerade richtig«, sodass der Weltraum sich ohne positive oder negative Krümmung flach in alle Richtungen endlos ausbreitet.

Diese drei Möglichkeiten gibt es für die »Form« des Weltraums auf der obersten Größenskala. Wie wir später sehen werden, ergeben sich daraus interessante Aspekte für das Schicksal unseres Universums.

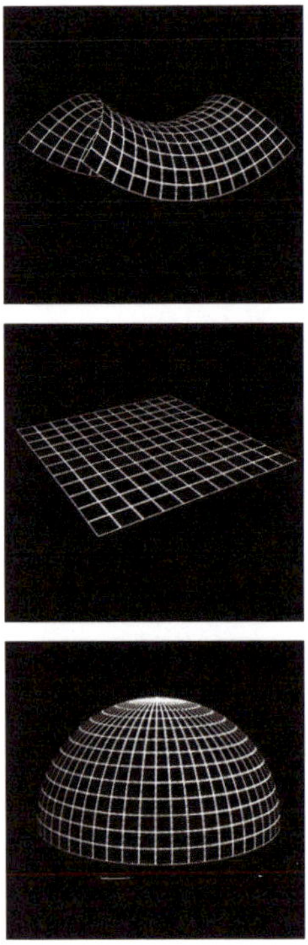

A

A Von oben nach unten: Offenes und sattelförmiges Universum, offenes und flaches Universum, geschlossenes Universum.
B Das Diagramm zeigt mögliche Evolutionsszenarien des Universums, je nachdem, wie groß der Dichteparameter Omega ist.
C Die Seiten aus Friedmanns Abhandlung von 1922 beschreiben erstmals die möglichen Gesamtkrümmungen der Raumzeit nach der allgemeinen Relativitätstheorie.

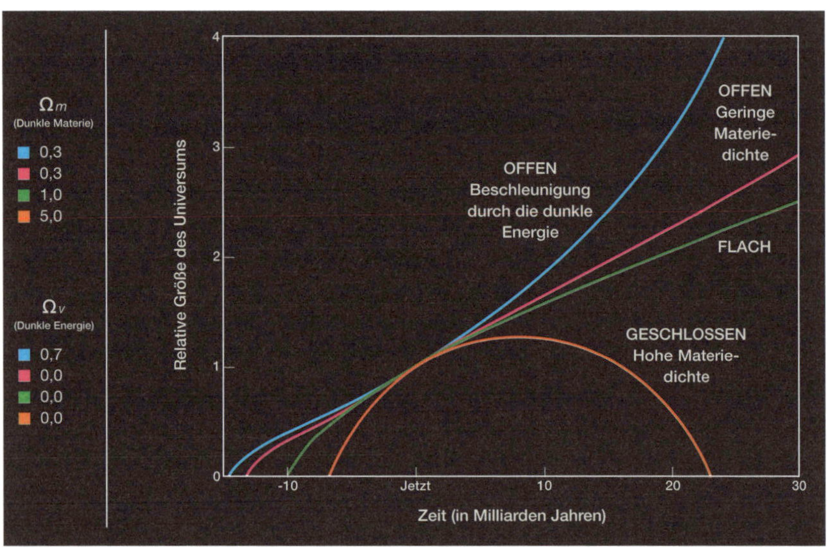

B

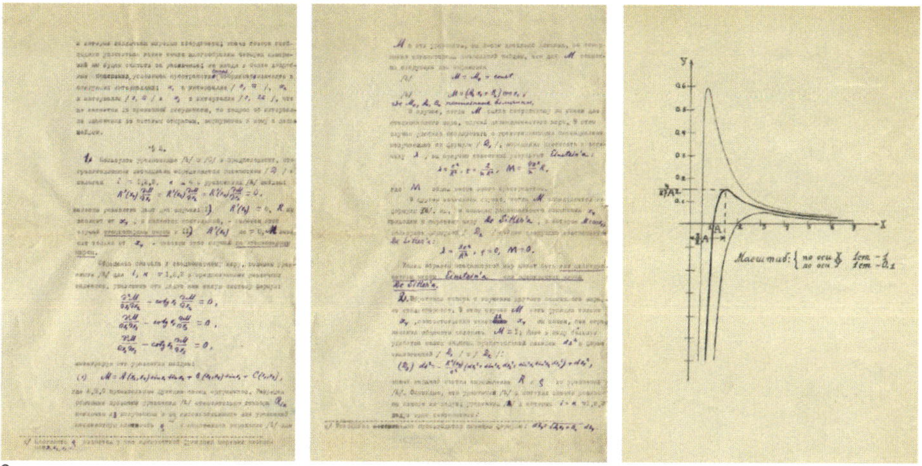

c

Um zu entscheiden, ob das Universum offen, geschlossen oder flach ist, müssen wir seine Masse messen. Aber wie?

Jeder Versuch scheint zunächst zum Scheitern verurteilt, weil wir natürlich nicht wissen, wie es mit der Raumzeit und Materie jenseits unseres beobachtbaren Universums weitergeht. Glücklicherweise geben uns hier Alexander Friedmanns Lösungen der einsteinschen Feldgleichungen (das mathematische Modell, mit dem die expandierende Raumzeit so beschrieben wird, wie wir es in unserem Universum sehen) einen Ansatzpunkt.

Erwartungsgemäß ist die Mathematik hinter den Friedmann-Gleichungen reichlich kompliziert. Im Endeffekt geben diese Gleichungen aber an, wie das Universum von ein paar wenigen Schlüsselparametern geprägt wird. Vor allem die beobachtbare Dichte ist entscheidend – die Menge an Materie, die in einer Volumeneinheit im Weltraum *durchschnittlich* vorhanden ist. Von der Tatsache, ob die tatsächliche Dichte eine bestimmte kritische Dichte übersteigt oder eben nicht, hängen grundlegende Eigenschaften des Weltraums ab und damit dessen gesamte Evolutionsgeschichte.

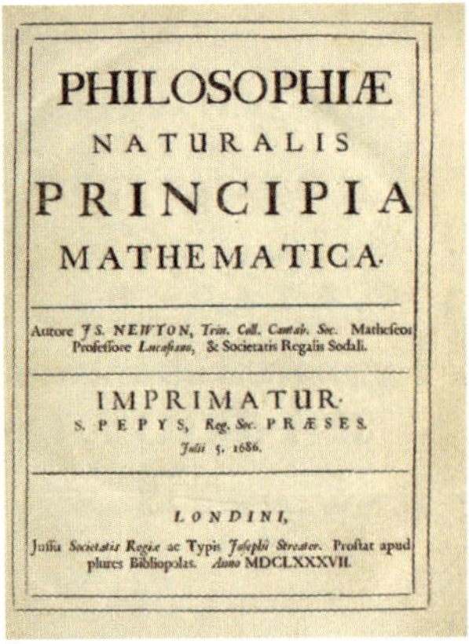

PHILOSOPHIÆ
NATURALIS
PRINCIPIA
MATHEMATICA.

Autore JS. NEWTON, Trin. Coll. Cantab. Soc. Matheseos Professore Lucasiano, & Societatis Regalis Sodali.

IMPRIMATUR.
S. PEPYS, Reg. Soc. PRÆSES.
Julii 5. 1686.

LONDINI,

Jussu Societatis Regiæ ac Typis Josephi Streater. Prostat apud plures Bibliopolas. Anno MDCLXXXVII.

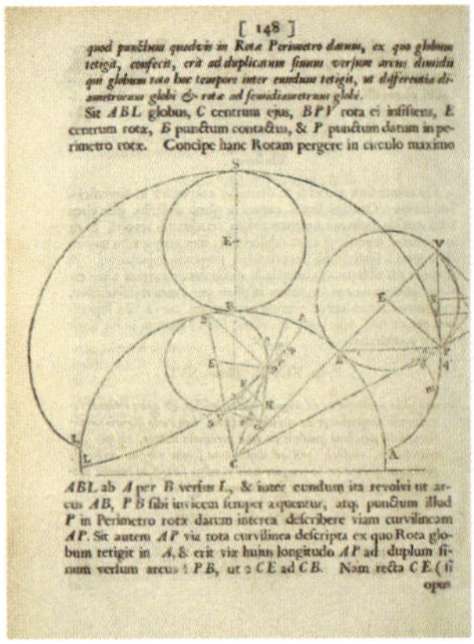

[148]

quod punctum quodvis in Rotæ Perimetro datum, ex quo globum tetigit, confecit, erit ad duplicatum sinum versum arcus dimidii qui globum toto hoc tempore inter eundum tetigit, ut differentia diametrorum globi & rotæ ad semidiametrum globi.

Sit ABL globus, C centrum ejus, BPV rota ei insistens, E centrum rotæ, B punctum contactus, & P punctum datum in perimetro rotæ. Concipe hanc Rotam pergere in circulo maximo ABL ab A per B versus L, & inter eundum ita revolvi ut arcus AB, PB sibi invicem semper æquentur, atque punctum illud P in Perimetro rotæ datum interea describere viam curvilineam AP. Sit autem AP via tota curvilinea descripta ex quo Rota globum tetigit in A, & erit viæ hujus longitudo AP ad duplum sinum versum arcus ½ PB, ut 2 CE ad CB. Nam recta CE (si opus

[355]

tur ab ulterioribus l & m easque premant, & sic deinceps in infinitum. Pressio igitur, quam primum propagatur ad particulas quæ non in directum jacent, divaricare incipiet & oblique propagabitur in infinitum, & postquam incipit oblique propagari, si inciderit in particulas ulteriores, quæ non in directum jacent, iterum divaricabit; idque toties, quoties in particulas non accurate in directum jacentes inciderit. Q. E. D.

Corol. Si pressionis a dato puncto per Fluidum propagatæ pars aliqua obstaculo intercipiatur, pars reliqua quæ non intercipitur divaricabit in spatia pone obstaculum. Id quod sic etiam demonstrari potest. A puncto A propagetur pressio quaquaversum, idque si fieri potest secundum lineas rectas, & obstaculo NBCK perforato in BC, intercipiatur ea omnis, præter partem Coniformem APQ, quæ per foramen circulare BC transit. Planis transversis de, fg, hi distinguatur conus APQ in frusta

Xx 2 &c

A

Kosmologen können beide Terme in einer einfachen Zahl namens Dichteparameter zusammenfassen – das Verhältnis von beobachteter zu kritischer Dichte, abgekürzt durch den griechischen Buchstaben Omega, Ω. Ist Ω größer als 1, so ist die tatsächliche Dichte größer als die kritische Dichte, und das Universum ist geschlossen. Ist Ω kleiner als 1, so ist die beobachtete Dichte kleiner als die kritische, und das Universum ist offen. Genau 1 für Ω steht für ein perfekt flaches Universum.

Wie können wir aber von etwas so grundlegend Unregelmäßigem wie dem Weltraum die durchschnittliche Dichte bestimmen? Glücklicherweise hilft uns hier ein bemerkenswertes physikalisches Prinzip, das Isaac Newton in seinem Hauptwerk, den *Philosophiae Naturalis Principia Mathematica* (1687, auch als *Principia* bekannt), den *mathematischen Grundlagen der Naturphilosophie*, zum ersten Mal beschrieb. Zweihundert Jahre lang hatten die Astronomen versucht, sich einigermaßen geordnet von ihrem Weltbild mit privilegierter Erde und um sie kreisendem Universum zu verabschieden. Als einer der ersten erkannte Newton, dass auch die Sonne nicht privilegiert im Raum steht und wir von dem Glauben an *jede Art* von besonderer Perspektive auf das Universum abrücken müssen.

Auf Newtons kosmologischem Prinzip bauen alle nachfolgenden Theorien über das Universum auf. Demnach sei der Kosmos auf der höchsten Größenskala homogen und isotrop – an jedem Punkt habe der Weltraum im Durchschnitt die gleichen Eigenschaften und sehe von jeder Position gleich aus. Sämtliche Schlussfolgerungen aus unserer Perspektive sind auf das gesamte Universum übertragbar.

Wie aber lassen sich die offensichtlichen Unregelmäßigkeiten auf kleineren Skalen erklären, wie die Masseverteilung in unserem Sonnensystem oder die Galaxien-Superhaufen? Die Antwort lautet: Noch größer denken. Auf der höchsten Größenskala, wenn eine Weltraumkarte Milliarden von Lichtjahren überspannt, gleicht sich tatsächlich alles aus. Die Filamente und Voids des lokalen Universums verschwinden und vermengen sich mit unzähligen ähnlichen Strukturen zu einer überall und aus jeder Perspektive tatsächlich gleich aussehenden Masseverteilung, die dann wahrscheinlich genauso bis weit jenseits unseres derzeit beobachtbaren Universums weitergeht.

B

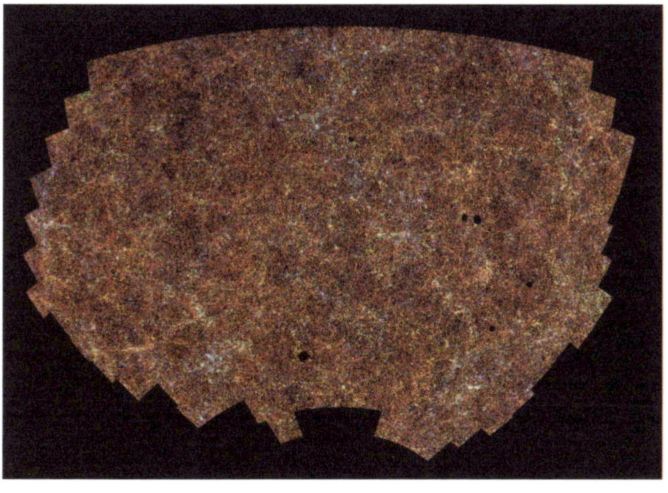

A In Isaac Newtons *Principia* (1687) werden die grundlegenden Bewegungsgesetze formuliert und auch die Bewegung von Körpern in einem Medium beschrieben. Beides wird in ein System einer universellen Gravitation zusammengeführt.

B Diese Karte zeigt um die 2 Millionen Galaxien auf einem größeren Abschnitt des Südhimmels. Auf dieser Größenskala wird die Materieverteilung allmählich gleichförmig.

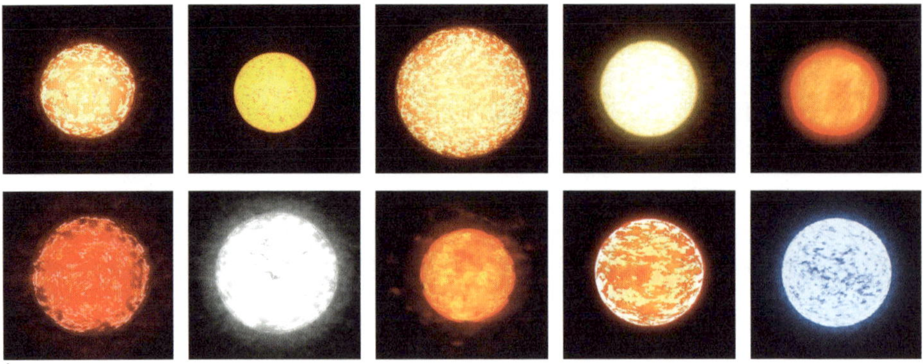

A

Also müsste die Materie im gesamten Universum im Durchschnitt die gleiche Dichte haben wie in den Teilen, wo wir sie messen können, sofern dies auf hinreichend großen Skalen geschieht. Wie können wir die Dichte messen?

Als Erstes sollten wir verstehen, was Sterne eigentlich sind. Sie sind nicht nur gewaltige Kugeln aus leuchtendem Gas und Zentrum der Massekonzentration in ihrem jeweiligen Sonnensystem. Sie sind auch die ziemlich einzigen Objekte, die ihr Licht zum großen Teil selbst produzieren können.

Natürlich sind nicht alle Sterne gleich. Sie unterscheiden sich in ihrer Masse (etwa 0,08 bis Dutzende Sonnenmassen) und noch weit mehr in ihrem Energieausstoß, ihrer Leuchtkraft (von etwa 1/100 000 der Leuchtkraft der Sonne bis zum Millionenfachen). Nicht alle Energie wird als sichtbares Licht freigesetzt (Sterne mit kälterer Oberfläche strahlen im Infraroten und die heißesten Sterne erzeugen riesige Mengen ultraviolettes Licht), aber 150 Jahre Astrophysik haben gewisse Erfahrungswerte produziert: So verrät die chemische Signatur, die aus den Spektrallinien ablesbar ist, bereits recht gut die wahrscheinliche Masse eines Sterns.

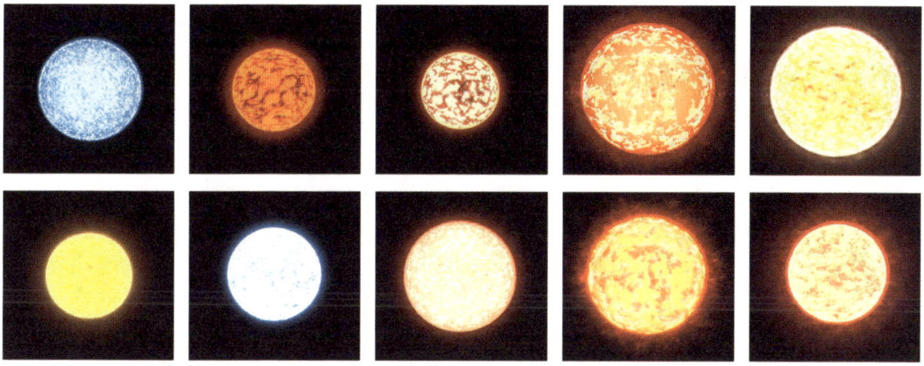

A Sterne unterscheiden sich erheblich in ihren physikalischen Eigenschaften wie intrinsischer Leuchtkraft und Farbe (die die Oberflächentemperatur anzeigt). Die Eigenschaften hängen grundlegend von der Masse, der chemischen Zusammensetzung und dem Lebensstadium ab. Diese Sternaufnahmen sind eher Konzeptkunst und wurden als Experiment erstellt.

Schwieriger ist es, aus den relativen Anteilen der verschiedenen Sternarten abzuleiten, ob unsere Galaxie eigentlich »typisch« ist. Hier müssen die Astronomen Zahlen reden lassen. Die **scheinbare Helligkeit** eines Sterns nimmt mit wachsendem Abstand rasch ab. Blaue und weiße Sterne mit hoher Leuchtkraft (und die seltenen **roten Riesen**) können Hunderte oder Tausende Lichtjahre weit entfernt sein und immer noch hell leuchten, während schwache **rote Zwerge** nur sichtbar sind, wenn sie direkt vor unserer kosmischen Haustür liegen.

Wie viele schwache Sterne es wirklich gibt, lässt sich am besten durch einen Blick in unsere solare Nachbarschaft abschätzen (am besten mit den empfindlichen Infrarotteleskopen). Von der dort gefundenen Zahl muss man hochrechnen. Offensichtlich sind rote Zwerge viel häufiger als helle Sterne. Von den 60 erdnächsten Sternen sind 50 rote Zwerge (und mit dem bloßen Auge kaum zu sehen). Eine Sonnenmasse sind bereits mehrere Zwergsternmassen, aber es gibt so viele davon, dass die Masse unserer Galaxie zu über der Hälfte aus schwachen Sternen bestehen muss.

Scheinbare Helligkeit
Die von einem Beobachter wahrgenommene Helligkeit eines astronomischen Objekts. Die scheinbare Helligkeit hängt von der wirklichen Helligkeit ab (seiner Leuchtkraft oder »absoluten Helligkeit«) und von seiner Entfernung. Historisch nennt man die scheinbare Helligkeit auch »Größe« des Sterns, sie hat aber mit seiner tatsächlichen Größe nichts zu tun.

Roter Riese
Ein Stern leuchtet am Ende seines Lebens wegen interner Strukturänderungen tausend Mal heller, und er schwillt um das Hundertfache seines bisherigen Durchmessers an. Die Phase als roter Riese ist im Vergleich zur Gesamtlebensdauer relativ kurz.

Roter Zwerg
Ein Stern mit kleiner Masse, der nur schwach leuchtet und dessen Oberflächentemperatur etwa halb so hoch ist wie die der Sonne.

A

A Eine Reihe von Infrarotansichten in Richtung des Zentrums der Milchstraße zeigt die Anwesenheit von Gas, Staub und Sternen mit verschiedener Temperatur.

B/C Helle Wolken aus Gas und Staub, die man Emissionsnebel nennt, sind Orte, an denen in einer Spiralgalaxie neue Sterne geboren werden. Die auffälligsten Nebel am Himmel der Erde sind der Carinanebel (oben) und der Orionnebel (unten).

Außerdem sind die Sterne in unserer und in anderen Galaxien nicht gleichmäßig verteilt. Spiralgalaxien wie die Milchstraße sind Scheiben, meist mit charakteristischen Spiralarmen, in denen blaue und weiße Sterne »vorherrschen«. Die Vorherrschaft bezieht sich aber nur auf deren Helligkeit – zahlenmäßig sind die jungen Sterne den roten Zwergen weit unterlegen.

Nahe des Zentrums einer Spiralgalaxie nimmt die Sternneubildung immer weiter ab, während die Zwergsterne mit ihren charakteristischen Leuchteigenschaften immer mehr werden. Aus der Ferne betrachtet, erzeugt die schiere Konzentration von lichtschwachen Einzelsternen im Zentrum eine solche Helligkeit, dass dieses Licht das der Spiralarme klar überstrahlt.

Der Aufbau kann bei anderen Galaxienarten wie den **elliptischen** oder **irregulären Galaxien** leicht abweichen. Im Prinzip können Astronomen aber immer aus Art, Helligkeit und Entfernung eines Sterns (entweder anhand der Cepheidenmethode von Kapitel 1 oder der Rotverschiebung) auf die Anzahl und Verteilung von Sternen in einer Galaxie rückschließen.

Allerdings ist eine Galaxie viel mehr als nur eine Sternansammlung – viele enthalten ebenfalls riesige Mengen von interstellarem Gas und Staub, Material für neue Sterne und Recyclemasse nach dem Tod der Sterne. Schätzungen zufolge trägt das sogenannte **interstellare Medium** in unserer Galaxie zu der in den Sternen gebundenen Masse einen Anteil von vielleicht 15 % bei. Die Gesamtmasse von Sternen und interstellarem Medium in unserer Milchstraße beträgt nach dieser Rechnung etwa 50 bis 70 Milliarden Sonnenmassen.

Elliptische Galaxien
Kompakte Galaxien, die sehr viele alte rote und gelbe Sterne enthalten und nur wenig Gas oder Staub, aus dem sich neue Sterne bilden. Es können kleine diffuse Wolken von Zehntausenden Sternen sein, aber auch Riesen von bis zu einer Billion Sternen, die viel größer als die Milchstraße sind.

Unregelmäßige (irreguläre) Galaxien Galaxien von eher undefinierter Form, die sehr viel Gas, Staub und neue Sterne enthalten. Meist sind sie kleiner als die Milchstraße.

Interstellares Medium Ein Mix aus Gas (meist Wasserstoff und Helium aus dem Urknall sowie einigen schwereren Elementen, die in Sternen entstanden sind) und Staub zwischen den Sternen.

B

C

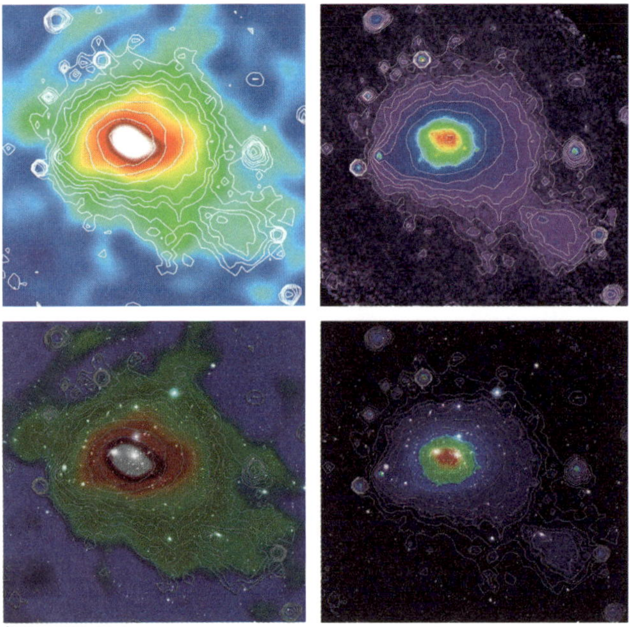
A

Fritz Zwicky (1898–1974) Dieser schweizerisch-amerikanische Astronom ist am besten bekannt für seine Entdeckung von dunkler Materie in Galaxienhaufen. Er hat aber auch den Zusammenhang von Supernovae mit überdichten Neutronensternen und die Wirkung von ganzen Galaxien als Gravitationslinse theoretisch unterlegt und vorhergesagt.

Massezentrum Die Masse eines großen Objekts (oder Gruppe von Objekten) wird auf einen Punkt konzentriert, um deren Wirkung auf weiter entfernte Objekte einfacher berechnen zu können.

Eine Galaxie ist noch mehr als nur die Summe von Sternen, Gas und Staub.

Es gibt noch etwas anderes – eine geheimnisvolle »dunkle Materie«. Diese bindet etwa viermal so viel Masse wie alles andere in einer typischen Galaxie. Der Name täuscht; dunkle Materie ist nicht nur dunkel (sie sendet keine elektromagnetische Strahlung gleich welcher Wellenlänge aus), sondern auch unsichtbar und transparent. Sie wechselwirkt schlicht mit gar keiner Strahlung. Nur durch ihre Gravitation macht sie sich bemerkbar.

Bereits 1933 gab es erste Hinweise auf die Existenz dunkler Materie. Man wusste bereits, dass es außer unserer Galaxie noch weitere gibt. **Fritz Zwicky** erkannte, dass man eine Galaxienmasse vielleicht anhand ihrer Wirkung auf Nachbargalaxien in dichten Galaxienhaufen messen könne.

Das Prinzip ist einfach: Wie schnell ein Objekt um ein anderes, massiveres Objekt kreist, hängt sowohl vom Abstand zum Zentralobjekt als auch von der dort konzentrierten Masse ab. Wäre zum Beispiel die Sonne doppelt so schwer, müsste die Erde viel schneller umlaufen, um ihren Abstand einhalten zu können.

A Masseverteilung im Coma-Galaxienhaufen, berechnet nach dessen Wechselwirkung mit der CMBR (oben links) sowie der Emission von Röntgenstrahlung (oben rechts). Auf den unteren Bildern ist die Abweichung der kartierten Dichte von der Verteilung strahlender Materie dargestellt.

B Um massive Objekte wie Erde (oben) und Jupiter (unten) konzentriert sich die dunkle Materie in haarförmigen Filamenten, sagt NASA-Forscher Gary Prézeau.

Als einfaches Modell stellte sich Zwicky die einzelnen Galaxien in einem Galaxienhaufen als Planeten vor, die um ein **Massezentrum** kreisen, das sämtliche Masse des Haufens in sich vereinigt. Als er jedoch den Coma-Galaxienhaufen untersuchte, fand er Galaxienbewegungen, die auf vierhundert Mal soviel Masse für den Haufen hindeuteten, als man anhand seines sichtbaren Sternenlichts erwarten würde.

B

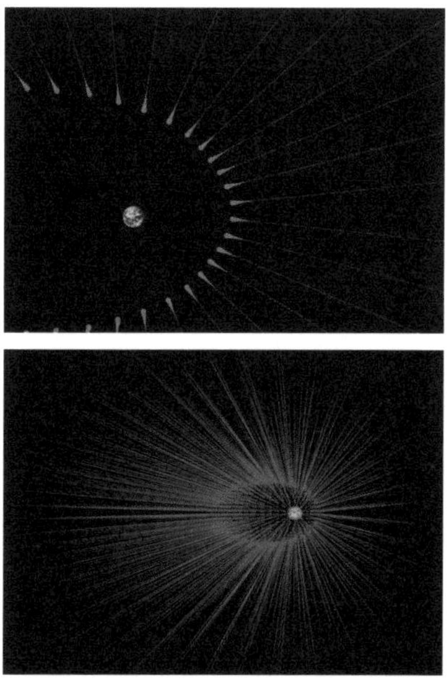

A

B

C

Zwickys Entdeckung, die er »dunkle Materie« nannte, wurde zunächst kaum beachtet. Als dann mit den neuen Möglichkeiten für die Astronomie in der beginnenden **Raumfahrtära** neue gewaltige Gaswolken entdeckt wurden, die Röntgen- und Radiowellen aussenden und im Zentrum vieler Galaxienhaufen liegen, glaubten die Astronomen zunächst, dort die fehlende Materie gefunden zu haben.

Dieses »Haufengas« (möglicherweise abgestoßenes Gas von alternden Galaxien) erklärte Zwickys fehlende Masse recht gut, aber nicht vollständig. Im Jahr 1975 wies dann **Vera Rubin** das gleiche Phänomen in unserer direkten Nachbarschaft nach: innerhalb der Milchstraße.

Rubin wollte die Masse unserer eigenen Galaxie berechnen und untersuchte dafür die »galaktische Rotationskurve« (die Bahngeschwindigkeit von Sternen, die verschiedene Abstände zum Zentrum haben). Nach ihren Ergebnissen konnten aber sämtliche sichtbaren Sterne, der interstellare Staub und auch verschiedene Gase nur etwa ein Sechstel des Gravitationsfelds der Milchstraße ausmachen.

Gegen Ende der 1970er Jahre fand Rubins Entdeckung jedoch Unterstützer, und es begann eine systematische Suche nach dunkler Materie. Aus grob zwei Lagern kamen die Erklärungsversuche. Einerseits vermutete man die fehlende Masse in den kompakten, schwachen oder dunklen Objekten, die sich im Halo oberhalb und unterhalb der Galaxienscheibe befinden. Diese »Massive Compact Halo Objects« (abgekürzt MACHOs), losgelöste Planeten, schwarze Löcher oder ausgebrannte Zwergsterne, bestehen aus normaler oder **baryonischer Materie**. Allerdings fanden die Astronomen bei Durchmusterungen mit Hilfe des **Mikrolinseneffekts** nicht annähernd genügend solcher Objekte, um die fehlende Masse aufzuwiegen.

Astronomie in der Raumfahrtära (Beobachtung vom Weltraum aus) Mit Hochtechnologie wie Satelliten kann man das Universum beobachten, wie es von der Erdoberfläche aus nicht möglich ist. Außer dem sichtbaren Licht und manchen Radiowellen blockiert die Erdatmosphäre alle anderen Strahlungsarten.

Vera Rubin (1928–2016) Die US-Astronomin wies dunkle Materie anhand der Rotation von Galaxien nach. Ihre Entdeckung, dass sich Galaxien zusätzlich zur kosmischen Ausdehnung im nahen Weltraum noch über 100 Millionen Lichtjahre in bestimmte Richtungen bewegen, galt zunächst als unglaubwürdig. Sie war aber der erste Beweis von riesigen Galaxien-Superhaufen.

Baryonische Materie Die uns vertraute Form der Materie, die auf die fundamentalen Kräfte einschließlich des Elektromagnetismus anspricht.

Mikrolinseneffekt Zieht ein kleines, dichtes Objekt vor einem weit entfernten Objekt (einem Stern) vorbei, so lenkt es dessen Lichtstrahlen durch seine Schwerkraft ab. Das Licht des entfernten Objekts wird durch den Gravitationslinseneffekt kurzfristig heller.

D

E

A Der Coma-Haufen ist eine Gruppe von etwa 1000 (meist elliptischen) Galaxien, etwa 320 Millionen Lichtjahre von der Erde entfernt.

B Aus dem Bewegungsmuster innerhalb des Haufens errechnete Zwicky eine weit höhere Gravitation, als aufgrund der sichtbaren Materie möglich wäre.

C Durch Messung der Gravitationswirkung in verschiedenen Regionen des Haufens können Astronomen heute die Verteilung der dunklen Materie kartieren.

D Vera Rubin und Kollegen im Jahr 1965 am Lowell-Observatorium in Flagstaff (Arizona, USA) bei einer Funktionsprüfung.

E Durch Überlagerung der Aufnahmen von Röntgenstrahlung (violett) und sichtbarem Licht (gelb) erkennt man heißes Gas in und um den Galaxienhaufen Abell 1689 herum.

A

Die andere Erklärung wäre exotische Materie: Teilchen mit Masse und Schwerefeld, die aber irgendwie »immun« gegenüber elektromagnetischer Strahlung sind. Diese schwach wechselwirkenden massereichen Teilchen (abgekürzt WIMPs von »weakly interacting massive particles«) wurden zwar noch nicht gefunden, gelten aber derzeit als der wahrscheinlichste Kandidat. Einen Hinweis darauf, dass sie existieren könnten, gibt der Gravitationslinseneffekt. Wolken von dunkler Materie wechselwirken miteinander und verändern den Gravitationslinseneffekt von fernen Galaxienhaufen auf charakteristische Weise.

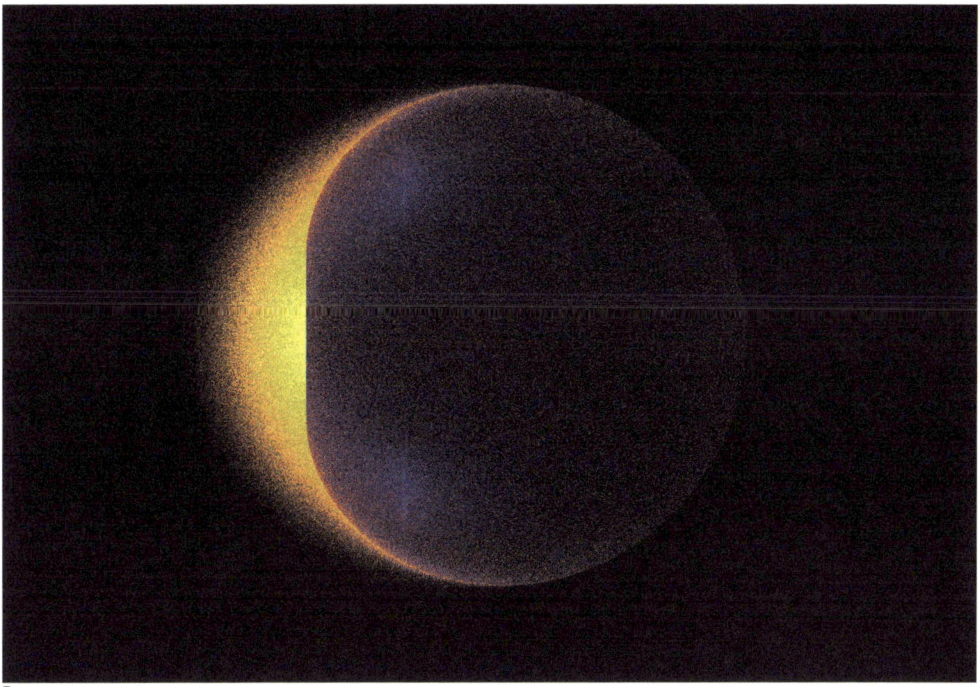

B

Aber selbst mit der dunklen Materie und deren gewaltiger Masse würde die Dichte des Universums Ω immer noch viel kleiner als 1 sein, weit unterhalb der kritischen Dichte.

Also ist das Universum definitiv offen?

Glücklicherweise gibt es noch eine weitere, unabhängige Möglichkeit, um die Zahlenwerte zu überprüfen, die ja aus unserem heutigen Universum stammen. In Kapitel 2 begegnete uns die kosmische Hintergrundstrahlung (CMBR) – die Strahlung aus der Geburtsstunde des Universums. Sie ist das Entfernteste, das wir sehen können.

A Zwerggalaxien wie die Fornax-Zwerggalaxie sind Wolken aus verstreuten Sternen. Zusammengehalten werden sie wohl durch eine riesige Menge dunkler Materie.

B Wie im Computermodell zu sehen, bricht hochenergetische Gammastrahlung aus, wenn dunkle Materie in den Ereignishorizont eines schwarzen Lochs fällt. Über solche Emissionen könnten wir diese geheimnisvolle Materie besser kennenlernen.

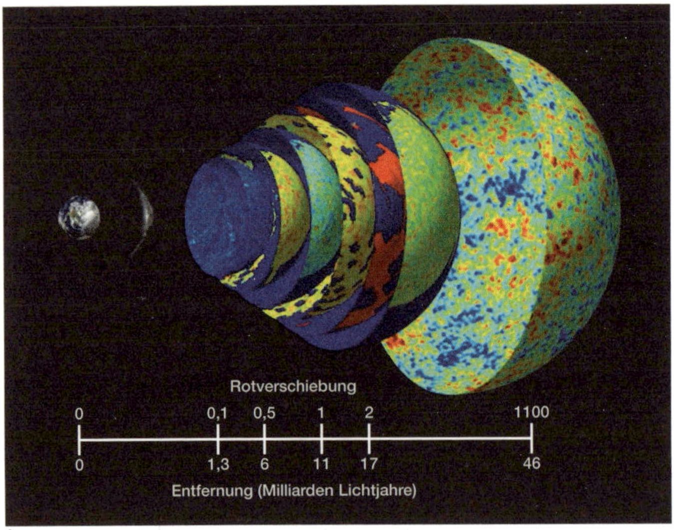

A

Kelvin Die Kelvin-Temperaturskala beginnt am absoluten Nullpunkt (die kälteste mögliche Temperatur, entsprechend -273,15 °C). Eine Temperaturdifferenz von 1 K entspricht 1 °C.

Die CMBR markiert einen besonderen Moment in der Geschichte des jungen Universums: den Zeitpunkt, an dem es transparent wurde. Direkt nach dem Urknall war der Raum mit herumwirbelnden subatomaren Teilchen erfüllt. Er war undurchsichtig, wie eine Nebelbank im Sonnenlicht. Strahlung prallte bereits nach kürzester Entfernung auf Materie und wurde abgelenkt.

Als sich das Universum ausdehnte und die Materie weniger dicht wurde, kühlte das Universum ab. Minuten nach dem Urknall war die Temperatur so weit gefallen, dass Protonen und Neutronen zu den einfachsten Atomkernen kombinieren konnten. Die unzähligen Elektronen aber, die bei vollständigen Atomen den Kern umhüllen, hatten noch viel zu viel Energie. Erst 380 000 Jahre später – die Temperatur war auf etwa 3000 **Kelvin** gesunken – gelang es den Kernen, Elektronen »einzufangen« (was Rekombination genannt wird). Damit fiel auch abrupt die Teilchendichte, und die Strahlung konnte sich zum ersten Mal geradlinig bewegen. Sie jagte in alle Richtungen davon und wurde zur heutigen CMBR.

Sobald wir wissen, woher die CMBR einmal kam, können wir auch nachvollziehen, warum sie uns etwas über den Dichteparameter verraten kann. Sowohl die Schnelligkeit des Temperaturabfalls als auch der Zeitpunkt der Entkopplung von Strahlung und Materie verraten uns etwas über die Packungsdichte im frühen Universum.

»Unebenheiten« in der CMBR – winzige Temperaturschwankungen, die auf leichte Dichteunterschiede hindeuten – verraten uns sogar noch mehr. Im frühen Universum produzierte die gesamte hin- und herspringende Strahlung einen gewaltigen Druck nach außen, mehr als der Zug der Gravitation nach innen (weshalb die normale Materie nicht zusammenklumpte). Gegen diesen Effekt war die dunkle Materie jedoch »immun« und ballte sich sofort um leichte Dichtespitzen der beim Urknall produzierten Materie zusammen.

Daher lässt sich anhand der Intensität solcher Unebenheiten ablesen, in welchem Verhältnis die beiden Arten von Materie zueinander stehen. Von speziell für solche Messungen gebauten Satelliten wie der Wilkinson Microwave Anisotropy Probe (WMAP) erhielten wir einen Dichtewert von etwa $2{,}8 \times 10^{-30}$ Gramm Materie pro Kubikmeter heutigen Weltraums (0,0000000000000000000000000000028 g/m^3). Diese Zahl entspricht ungefähr 1,7 Atomen Wasserstoff pro Kubikmeter und stimmt gut mit der Schätzung aufgrund von Beobachtungen des heutigen Kosmos überein. Demnach liegt Ω weit unter 1; das Universum ist offen.

Fall abgeschlossen, könnte man also sagen. Aber es gibt da ein Problem. Anhand der CMBR kann man den Dichteparameter unabhängig auch auf andere Weise messen, und das gibt ein unerwartetes, widersprüchliches Ergebnis.

A Dieses Modell aus ineinander gestapelten Kugelschalen zeigt die Materialdichte bei verschiedenen Entfernungen und Rotverschiebungen. Es besteht ein Zusammenhang zwischen der Galaxienverteilung im nahen Universum und der Struktur der CMBR (der äußersten Hülle).

B Auf der CMBR-Karte des Satelliten WMAP sind kühle Gegenden mit hoher Dichte blau und heiße mit geringer Dichte rot dargestellt.

B

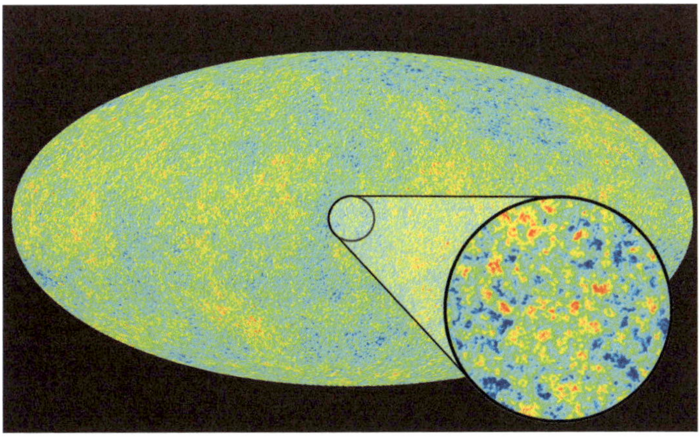

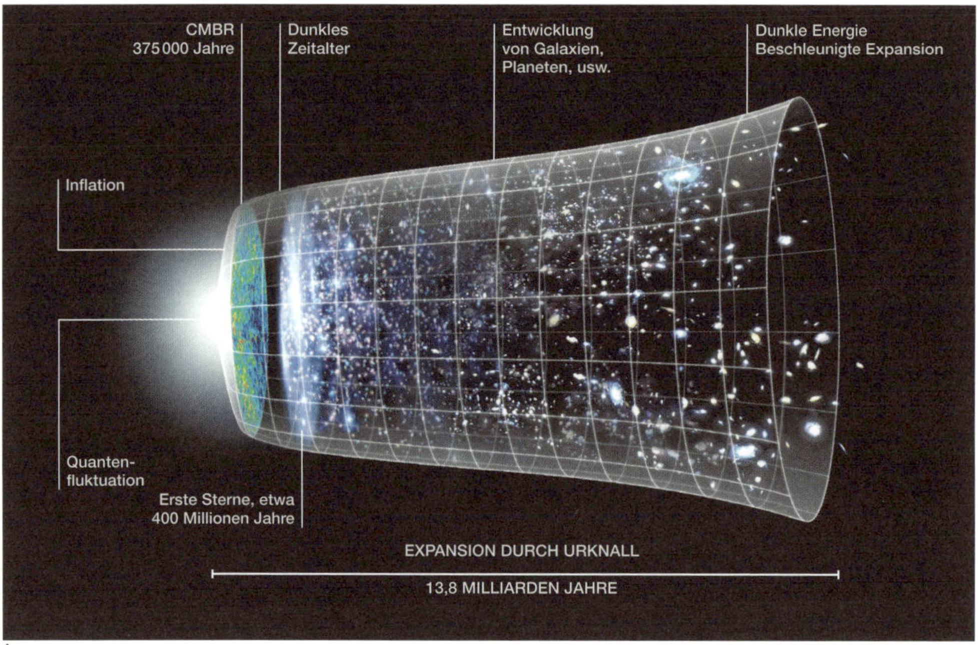

A

Diese Idee beruht auf Geometrie.

Wie weiter vorne schon erläutert, hängt die Raumümmung von Ω ab, und je nach Krümmung laufen Lichtstrahlen in weiter Ferne zusammen oder gehen auseinander. Also müssten extrem weit entfernte Objekte verschieden groß aussehen.

Eine positive Krümmung bedeutet zusammenlaufende Lichtstrahlen. Weit entfernte Objekte müssten größer aussehen, als man erwarten würde. Bei negativer Krümmung sähen sie kleiner aus. Daraus ergibt sich freilich noch eine andere Frage: Welche Objekte von bekannter Größe können wir sehen, die für einen solchen Effekt weit genug entfernt sind?

Ganz einfach: Es sind die entferntesten Strukturen, die wir sehen können, die Unebenheiten der CMBR selbst. Aus bestimmten Eigenschaften der CMBR können die Kosmologen berechnen, wie groß diese Strukturen noch vor der Rekombination waren. Daraus ergibt sich der Winkelabschnitt, an dem die hellsten Mikrowellen-Unebenheiten am Himmel zu sehen sein *sollten* (etwa ein Grad im Durchmesser, zweimal so groß wie der Vollmond). Dass die Unebenheiten tatsächlich genau so groß waren wie berechnet, sagt den Wissenschaftlern, dass die Lichtstrahlen ihre 46 Milliarden Lichtjahre weite Reise tatsächlich parallel zurückgelegt haben müssen. Und das heißt – innerhalb der Grenzen der verfügbaren Messtechnik: Das Universum ist geometrisch flach.

Moment mal – müsste nicht bei einem flachen Universum der Dichteparameter Ω exakt 1 sein? Dafür aber bringen baryonische und dunkle Materie zusammen nicht annähernd genug Masse auf. Was ist da los? Erst seit etwa zwanzig Jahren kristallisiert sich eine Antwort heraus, und sie stellt vieles, was wir über den Kosmos zu wissen glaubten, auf den Kopf.

B

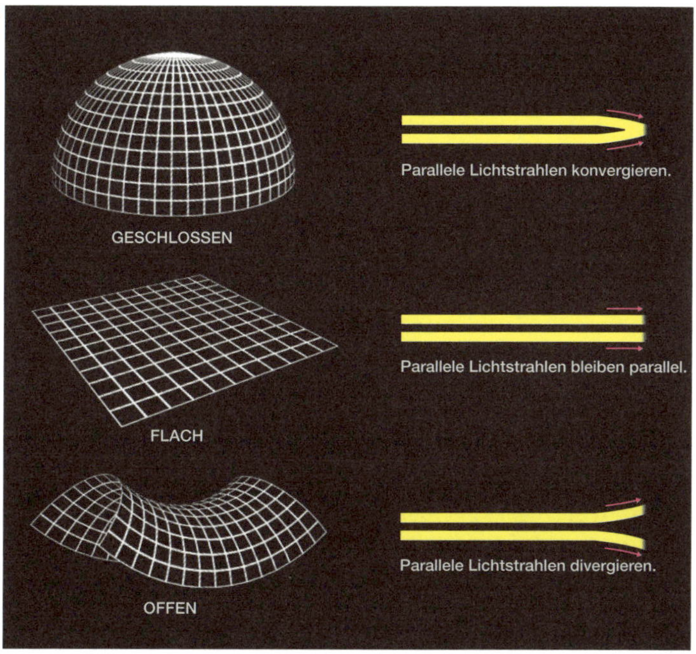

A Nach allgemeiner Ansicht der Kosmologen dehnte sich das Universum kurz nach dem Urknall zunächst sehr rasch aus (was Inflation genannt wird, siehe Seite 102). Seitdem wächst es gleichmäßiger. Wegen der jüngst entdeckten dunklen Energie (siehe Seite 88) sollte sich die Expansion derzeit eher beschleunigen als verlangsamen.

B Mögliche Weltraumformen und deren Auswirkung auf Lichtstrahlen (von oben nach unten): positive Krümmung (Konvergenz), flache Raumzeit (Parallelität) und negative Krümmung (Divergenz).

A

Das Hubble-Weltraumteleskop lieferte die Daten zur kosmischen Expansion, aber die Astronomen wollten einen unabhängigen Beweis. Mitte der 1990er Jahre stießen sie auf eine brillante Möglichkeit, Entfernungen auch ohne die klassische Cepheidenmethode zu messen. Theoretischen Modellen zufolge müsste nämlich eine bestimmte Sternexplosion, eine **Supernova vom Typ Ia**, immer den gleichen Energiebetrag freisetzen und daher immer die gleiche maximale Helligkeit besitzen. Damit hätten die Astronomen eine »Standardkerze« zur Verfügung – ein Objekt, dessen absolute Helligkeit bekannt ist. Aus dem Vergleich dieser Helligkeit mit der Helligkeit, die auf der Erde ankommt, lässt sich die wahre Distanz berechnen.

Leider ist eine Ia-Supernova ein sehr seltenes, kurzlebiges Ereignis. In einer Galaxie wie der Milchstraße findet man vielleicht einmal alle tausend Jahre eine, und nur Wochen später ist an der Stelle wieder tiefe Dunkelheit eingekehrt. Um genügend Ia-Supernovae in relativ kurzer Zeit zu entdecken, müssen Tausende Galaxien ständig systematisch durchgekämmt werden. Das ging erst seit der Einführung der **computergestützten Astronomie**. Außerdem muss man in großen Entfernungen suchen (wo mehr Galaxien zur Auswahl stehen), die kosmische Nachbarschaft reicht nicht.

Supernova vom Typ Ia Bei dieser Sternexplosion wird ein Neutronenstern so massereich, dass er aufgrund seiner Eigengravitation schlagartig zu einem schwarzen Loch kollabiert. Das geschieht nur bei einer bestimmten kritischen Masse, sodass immer die gleiche Energiemenge ins Weltall geschleudert wird und die maximale Helligkeit immer gleich ist.

Computergestützte Astronomie Durch den Einsatz von Großcomputern, elektronischen CCD-Detektoren und anderen Instrumenten zur automatisierten Datensammlung und -auswertung können Astronomen mit einer einzigen Teleskopaufnahme Hunderte Objekte gleichzeitig erfassen. Zuvor war es nur möglich, eines nach dem anderen zu beobachten.

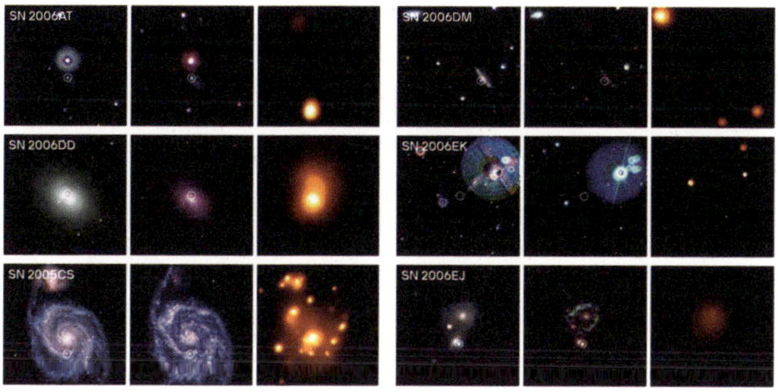

A Diese Bilder von Supernova-Explosionen geben jeweils die optische, ultraviolette und Röntgenstrahlung wieder. Supernovae können ganze Galaxien überstrahlen. Vom richtigen Typ dienen sie zur Entfernungsmessung.

B Der Stern V445 Puppis ist ein enges Doppelsternsystem, das derzeit viel Materie in zwei Hüllen »bipolar« verliert. Es ist ein heißer Kandidat für eine zukünftige Ia-Supernova.

Dennoch bietet die »Supernova-Kosmologie« eine hervorragende Möglichkeit, der kosmischen Expansion über sehr weite Distanzen nachzuspüren. Derzeit überprüfen das internationale High-Z Supernova Search Team und das Supernova Cosmology Project in Kalifornien (USA) diese These. Mittlerweile empfingen die Teams Daten von 42 stark rotverschobenen Supernovae in mehreren Milliarden Lichtjahren Entfernung und von 18 etwas näheren Supernovae.

Weil Supernovae in viel größerer Entfernung sichtbar sind als die Cepheiden, reicht diese Methode tiefer in den Weltraum hinein als die Daten aus dem Hubble-Weltraumteleskop. Die Astronomen erwarteten, dass die ferneren Supernovae etwas heller leuchten, als aus ihrer Rotverschiebung und der Hubble-Konstante berechnet, denn die kosmische Expansion sollte sich seit dem Urknall etwas verlangsamt haben. Damit wären die Supernovae etwas näher als vorhergesagt.

B

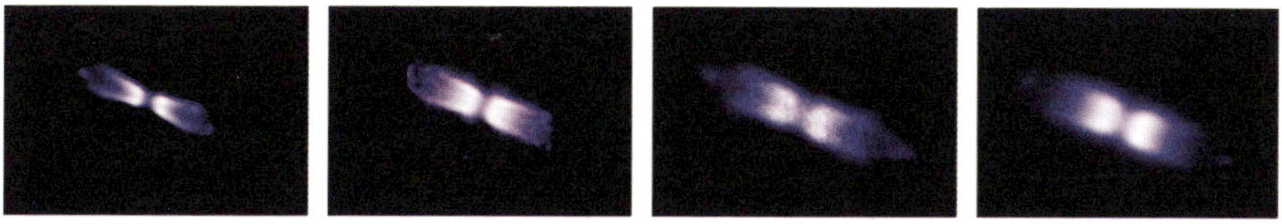

A

Dass das genaue Gegenteil der Fall war, damit hatte man überhaupt nicht gerechnet. Die weiter entfernten Supernovae leuchteten weniger hell als anhand ihrer Rotverschiebung vorhergesagt. Monatelang suchten die Astronomen eine alternative Erklärung, dann gingen sie 1998 an die Öffentlichkeit: Sie hatten nachgewiesen, dass sich die Expansion *beschleunigt.*

Der US-Kosmologe Michael Turner (* 1949) prägte bald den Begriff der »dunklen Energie« als treibende Kraft hinter der Expansion. Der Name selbst sagt aber noch nicht aus, was sie eigentlich ist. Zwanzig Jahre später sind wir zwar nicht viel klüger, aber über die Existenz des Phänomens herrscht inzwischen weitgehend Einigkeit unter den Kosmologen. Mit neueren Beobachtungen ließ sich das Ausmaß der Beschleunigung eingrenzen und sogar zeigen, dass sie über die Zeit schwankt.

Bis vor etwa 7 Milliarden Jahren scheint sich die Expansion des Universums tatsächlich verlangsamt zu haben. Diese gravitationsbedingte Bremse unterlag dann dem Anschub durch die dunkle Energie. Seitdem expandiert das Universum schneller.

Für unsere Zwecke ist es weniger wichtig, was die dunkle Energie genau ist, als dass sie überhaupt existiert. Dennoch wollen wir hier kurz auf die konkurrierenden Theorien zu ihrer Natur eingehen.

Im Zentrum des ersten Modells steht die ursprünglich 1915 von Einstein eingeführte kosmologische Konstante, nämlich eine inhärente Eigenschaft des Raums, aufgrund derer die Ausdehnung noch über die durch den Urknall ausgelöste Expansion hinweg fortdauert. Effektiv sei sie eine winzige Energiemenge, die zu einem festen Raumvolumen gehört, und irgendwie sorge sie für eine Abstoßung entgegen dem Zug nach innen durch die Gravitation. In der Nähe kann man diesen Effekt nicht nachweisen, erst in weiter Ferne, und er wird mit der Zeit (und dem Weltraumvolumen) größer. Damit stimmt er hervorragend mit der beobachteten zeitlichen Zunahme der dunklen Energie überein.

A Die farbunterlegte Aufnahme des Chandra-Röntgenteleskops zeigt, wie sich heißes Gas in den Überresten einer Ia-Supernova ausbreitet. Diese Explosion gilt als ungewöhnlich »schief«.

B In diesem Diagramm sind die drei Modelle zur kosmischen Evolution dargestellt – das klassische Relativitätsmodell von Einstein (grün), ein von der dunklen Energie angetriebenes Universum (rot) und ein neues Modell (blau), das die kosmische Beschleunigung auch ohne dunkle Materie erklären will. Jede Linie entspricht einer berechneten kosmischen Struktur (Spalte links).

B

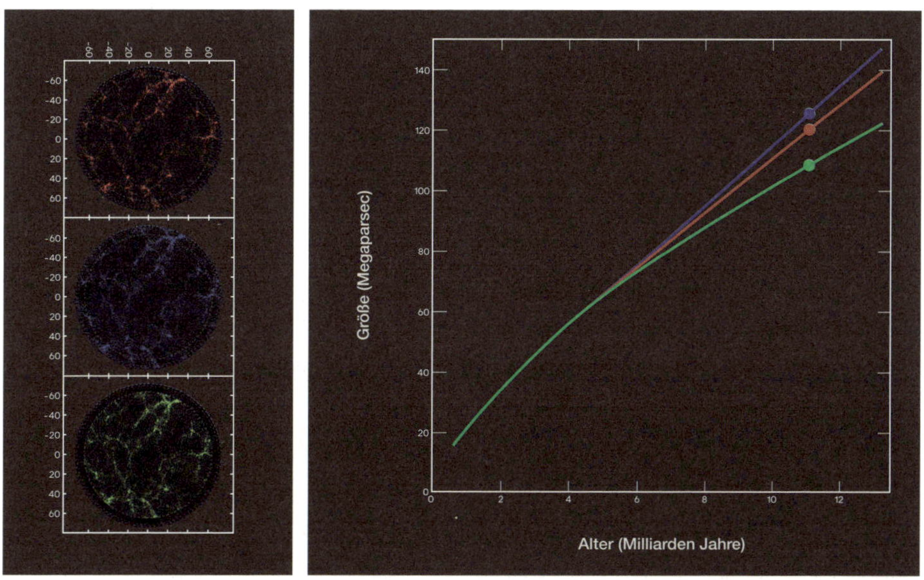

Die wichtigste alternative Erklärung ist die sogenannte »Quintessenz«-Theorie. Nach ihr wird keine kosmologische Konstante benötigt, weil die dunkle Energie nicht uniform sei. Sie sammle sich in bestimmten Regionen an und verursache dort eine stärkere Expansion. Es gibt verschiedene Quintessenz-Theorien, die aber alle darin übereinstimmen: Die dunkle Energie sei eine fünfte fundamentale Wechselwirkung, wie Gravitation, Elektromagnetismus und die Kräfte, die den Atomkern zusammenhalten.

Was die dunkle Energie auch immer sein mag, mit ihr kann – wenn auch etwas überraschend – erklärt werden, warum das Universum flach ist. Gegen den Zug der Gravitation nach innen treibt sie die Expansion des Universums voran, und sie trägt zur Gesamtenergie des Weltraums bei. Daher sollte sie auch eine Masse haben (wegen Einsteins Gleichung $E=mc^2$) und verschiebt folglich den Dichteparameter Ω näher an 1.

A

B

C

Aus Messungen der CMBR (von WMAP und anderen Satelliten) wissen wir, dass die Masse/Energie des Universums zu 4,9 % normale baryonische Materie ist, zu 26,8 % dunkle Materie und zu erstaunlichen 68,3 % dunkle Energie. Somit erscheint das Universum flach (parallele Linien sind wirklich parallel): Auf der höchsten Größenskala reicht das dreidimensionale Raumnetz bis über das beobachtbare Universum hinaus immer weiter, und die Dimensionen bleiben **orthogonal**. Trotzdem, wegen dieser seltsamen dunklen Energie wächst es, und zwar immer schneller.

Zwei grundsätzliche Fragen bleiben: Können wir die Form unseres Kosmos *nur* so interpretieren? Und was bedeutet das alles für die Zukunft des Universums?

Orthogonal Gerade Linien werden orthogonal genannt, wenn sie zueinander rechtwinklig stehen (genau 90 Grad).

A Überlagerung eines Bildes der Scheibe aus dunkler Materie (rote Konturen) mit dem Bildmosaik der Milchstraße aus dem Two Micron All Sky Survey (2MASS) von J. Read und O. Agertz.

B Diese Dichtekarten zeigen die Massekonzentration im Halo einer Spiralgalaxie, die sich aus den vier Modellen zur dunklen Materie ergeben.

C Diese künstlerische Darstellung veranschaulicht, wie unsere Sicht auf das Universum durch die Raumzeitkrümmung an einem schwarzen Loch verzerrt wird.

4. Die Form des Multiversums

A

Die neu entdeckte dunkle Energie (was auch immer sich dahinter verbirgt) erklärt, wie wir in Kapitel 3 gesehen haben, also ziemlich gut die seltsame Erkenntnis aus der Mikrowellenhintergrundstrahlung: Bis in größte Größenskalen ist die Raumzeit »flach«, während sich das Universum gleichzeitig immer schneller ausdehnt.

Das beobachtbare Universum (das Volumen der Raumzeit, das wir dank der konstanten Lichtgeschwindigkeit sehen können) ist also mit ziemlicher Sicherheit eine runde, sich aufblähende und von einem »Gitternetz« aus den drei rechtwinkligen Raumdimensionen durchzogene Blase mit einem Radius von rund 46 Milliarden Lichtjahren. In unserer auch **Hubble-Volumen** genannten Region zieht das Gravitationsfeld von massereichen Objekten (von Planeten bis Galaxien-Superhaufen) die Raumdimensionen lokal zusammen (bei gleichzeitiger Dehnung der Zeitdimension – was sich als **Zeitdilatation** auswirkt). Auf der ganz großen Skala spielen solche Feinheiten aber keine Rolle mehr.

Was ist aber jenseits des beobachtbaren Universums? Können wir irgendetwas über die Form des Welt-raums *hinter* der Bar-riere sagen, die uns aus dem Alter des Universums und der Lichtgeschwindigkeit vorgegeben wird?

Hubble-Volumen Das kugelförmige Raumvolumen um jeden Punkt im Universum. Definiert ist es durch die Entfernung, die das Licht seit der Ära der Rekombination kurz nach dem Urknall zurücklegen konnte.

Zeitdilatation Zeitverlangsamung für Objekte, die sich extrem schnell bewegen. Durch Einsteins spezielle Relativitätstheorie vorhergesagt, wurde sie durch ultragenaue Atomuhren an Bord von Düsenflugzeugen und Navigationssatelliten bestätigt.

A Teleskope können mit Langzeitaufnahmen Galaxien erfassen, die ganz am Ende des beobachtbaren Universums liegen – die dahinter sind ihnen verborgen.
B Die Wissenschaftler Joseph Hafele und Richard Keating nahmen 1971 vier Atomuhren auf einen Flug um die Erde mit und bewiesen dadurch das seltsame Phänomen der Zeitdilatation.

B

Der Weltraum muss also (im wortwörtlichen Sinne) unendlich sein – eine Reise in eine Richtung hätte nie ein Ende. Oder wir fänden uns plötzlich am Ausgangspunkt wieder. Momentan weist alles darauf hin, dass sich die äußere Barriere unseres beobachtbaren Universums mit immer größerer Geschwindigkeit von uns wegbewegt. Das ist der Grund, warum wir dieses Ende niemals erreichen können, selbst mit Lichtgeschwindigkeit nicht.

Und selbst wenn wir das Unmögliche möglich machten und viel schneller als mit Lichtgeschwindigkeit reisten, bliebe das zu erkundende Raumvolumen um uns immer unendlich groß. Denn das Universum, das wir persönlich betrachten können, würde sich mit uns mitbewegen (wir stehen definitionsgemäß immer im Zentrum). Wegen dieser Erdzentriertheit ist der »Rand« unseres beobachtbaren Universums ein Ort in 46 Milliarden Lichtjahren Entfernung, an dem gerade Licht

A

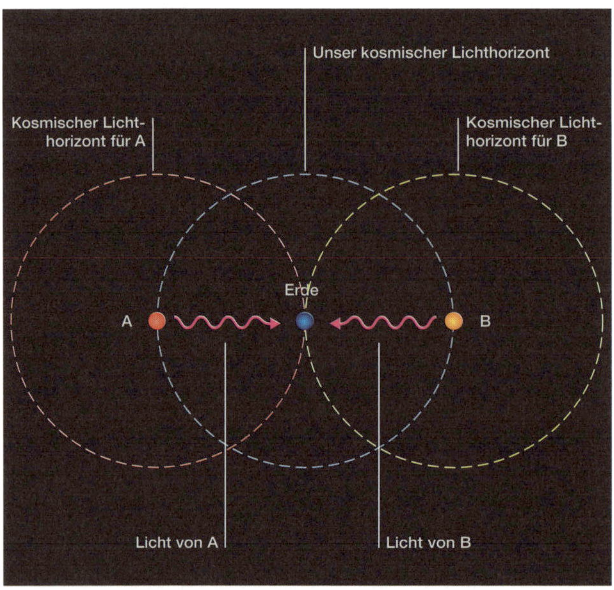

Unendlichkeit
Mathematisch gesehen jede messbare Größe, die unbegrenzt immer weiterläuft. Zum Beispiel kann man die natürlichen Zahlen ab 1 aufwärts zählen, ohne jemals ein Ende zu erreichen.

A Die Lichtgeschwindigkeit begrenzt unser eigenes Hubble-Volumen (blau) auf einen kosmischen Lichthorizont in etwa 46 Milliarden Lichtjahre Entfernung. Astronomen, die sich dort am Rand befänden (rot und gelb) und auf die andere Seite schauten, würden unsere Weltraumregion am Rand ihres eigenen beobachtbaren Universums sehen. Beide Welten sind für immer voneinander isoliert.

B Niemals könnten wir hoffen, Strahlung von jenseits der kosmischen Mikrowellenhintergrundstrahlung (CMBR) zu sehen. Die CMBR gilt daher definitionsgemäß als äußerer Rand unseres Hubble-Volumens.

B

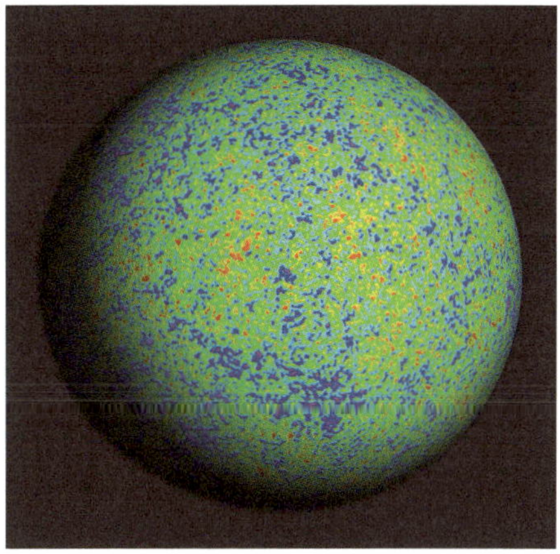

angekommen ist, das in der Ära der Rekombination an der Stelle der heutigen Milchstraße entstanden ist. Würden wir doch irgendwie diesen Rand erreichen, dann könnten wir in Regionen hineinblicken, die Astronomen auf der Erde für immer verborgen bleiben.

Auf einer solchen Weltraumfahrt würden wir eine unendliche Zahl von Hubble-Volumina durchqueren – einander überlappende Raumzeitblasen wie unsere eigene. Jede ist aus ihrem eigenen unendlich kleinen Teilstück des Urknalls entsprungen und bläht sich nach allen Seiten hin auf. Auf der größten Skala ist der Weltraum demnach eine gewaltige, sich irrsinnig schnell ausdehnende Kugel (viel schneller als Licht), die aus unendlich vielen solcher rasch expandierenden Blasen besteht.

Mission beendet: Wir haben die Form des Weltraums gefunden. Halt, langsam! Denn es gibt verschiedene kosmologische Unendlichkeiten. Dass sich ein scheinbar »flaches« Universum unbegrenzt ausdehnt, ist nur eine Version. Andere können mehr Dimensionen haben, die wir nicht wahrnehmen können. Und selbst wenn der Weltraum mit unseren vertrauten drei Raumdimensionen flach ist, könnte er in diesen höheren Dimensionen bizarre Formen annehmen.

Anschnallen bitte, jetzt wird es vollkommen abgefahren.

Komplexe Strukturen aus mehreren Einzel-»Universen« (wie man sie auch immer definieren möchte) nennen Physiker »Multiversum«. Den Begriff prägte der US-amerikanische Philosoph William James (1842–1910) im Jahr 1895 (wobei er aber mehr die Anschauungen jenseits des Profanen meinte). Dass ein Multiversum physikalische Realität sein könnte, sagte als Erster der bekannte österreichische Physiker **Erwin Schrödinger** in seinem einflussreichen Vortrag von 1952.

Am einfachsten vorstellbar ist ein Multiversum als endlos expandierende Raumzeit, in der sich unendlich viele beobachtbare Universen befinden. Welche Eigenschaften hätte das Multiversum? Da es aus dem gleichen Stoff besteht wie das Universum, das wir sehen, und unter den denselben Bedingungen des Urknalls entstanden ist, wäre es im Wesentlichen »mehr Raumzeit«. Könnten wir wie durch eine Zaubertür einen anderen Teil des Multiversums betreten, hätten wir dort die gleichen Grundbedingungen: drei Raumdimensionen und eine Zeitdimension sowie die uns vertrauten physikalischen Konstanten.

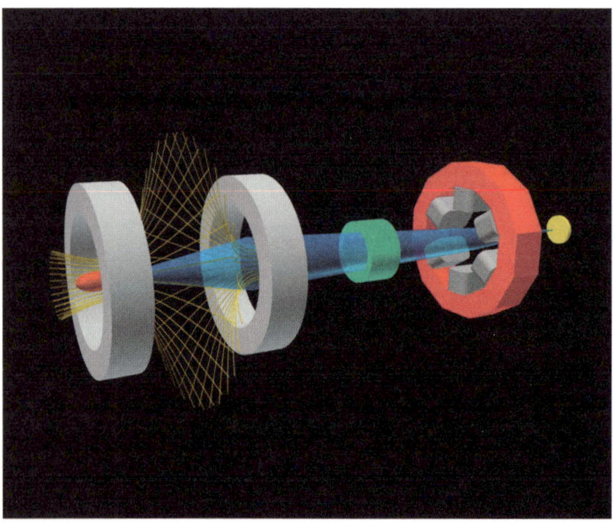
A

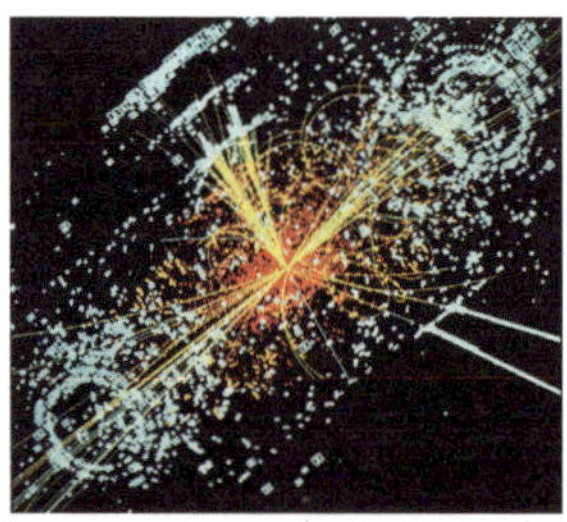
B

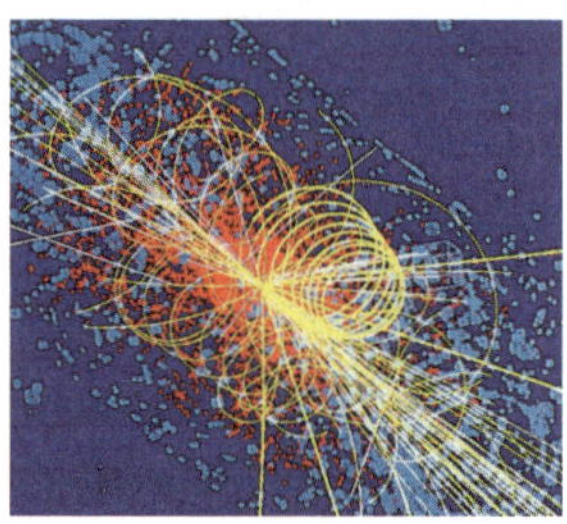
C

A-C Um das Verhalten von Quanten zu erforschen, lassen Teilchenphysiker am CERN subatomare Teilchen in Maschinen wie dem Großen Hadronen-Speicherring (LHC, *Large Hadron Collider*) mit fast Lichtgeschwindigkeit kollidieren. Dabei wird so viel Energie frei, dass Teilchen, die sonst fest im Atomkern eingeschlossen sind, kurz frei existieren können. Ein Beispiel ist das Higgs-Boson (Simulationen in B und C).

D Antimaterie wird bei Kontakt mit normaler Materie sofort vernichtet. Sie kann aber in Magnetfeldern eingeschlossen werden. Ein Reservoir aus »Antiprotonen« (rosa) entdeckten Wissenschaftler im Jahr 2011 in der Magnetosphäre der Erde in nur wenigen Hundert Kilometern Höhe.

D

Es gäbe natürlich auch Unterschiede: In manchen Teilen des Multiversums könnte vielleicht **Antimaterie** vorherrschen.

Theoretisch wurde beim Urknall gleich viel Materie wie Antimaterie erschaffen. Warum im heutigen Universum die Materie überwiegt, ist noch weitgehend unklar. Vermutet wird, dass es einen fundamentalen Bruch in der »**Symmetrie**« gegeben habe, also der Art, wie einige subatomare Teilchen miteinander wechselwirken. Das müsste – wenn auch nicht mit absoluter Sicherheit – dann aber für das gesamte Multiversum gelten.

Erwin Schrödinger (1887–1961) war eine Schlüsselfigur in der Quantenmechanik. Seine Gleichungen beschreiben, wie Teilchen wellenartige Eigenschaften und wahrscheinliche Aufenthaltsorte haben können. In den Debatten über die Bedeutung für die Physik spielte Schrödinger eine große Rolle.

Antimaterie Teilchen mit gleicher Ladung, aber umgekehrten Ladungsvorzeichen wie normale Materieteilchen. Sie haben die »lästige« Angewohnheit, bei Kontakt mit normaler Materie unter einem heftigen Energieausstoß ausgelöscht zu werden.

Symmetrie In der Sprache der Teilchenphysik ist eine Wechselwirkung symmetrisch, wenn bei umgedrehten Eigenschaften, also umgekehrtem Ladungsvorzeichen oder rückwärts ablaufender Zeit, das Gleiche passiert.

A

»Mehr vom Gleichen«, das klingt für ein Multiversum nicht gerade spektakulär. Allerdings müssen wir uns vor Augen halten, dass es *unendlich* mehr vom Gleichen ist. Unendlich viele Szenarien wären möglich; jedes andere beobachtbare Universum könnte innerhalb der physikalischen Grundparameter ein anderes Szenarium beherbergen. So könnte es auf einem anderen Planeten auch ein Sie und Ich geben – nur, dass ich Linkshänder bin, Sie mit einem Zeppelin zur Arbeit fahren und wir beide von Dinosauriern abstammen. Dass es ähnliche Welten geben muss, ist in einem wirklich unendlichen Multiversum absehbar. Daneben könnte jede andere vorstellbare und physikalisch mögliche Eventualität existieren.

Ein Multiversum aus weiterlaufender Raumzeit ist aber nur eine Möglichkeit, nämlich die unterste, intuitivste Ebene von vier. Jede weitere Ebene ist nochmals komplizierter, und jedes Multiversum davon eine Teilstruktur, so der einflussreiche Kosmologe **Max Tegmark** in seiner Beschreibung eines

B

Max Tegmark (*1967) Der schwedisch-amerikanische Kosmologe Tegmark am Massachusetts Institute of Technology (USA) entwickelte die Hypothese eines mathematischen Universums und gewann neue Erkenntnisse über die Struktur des Kosmos aus der CMBR.

»mathematischen Universums«. Das noch einigermaßen intuitive »Ebene-I«-Multiversum mit seiner unendlichen Raumzeit wäre also nur eine von (vielleicht unendlich) vielen solcher Strukturen in einem »Ebene-II«-Multiversum ... usw.

Was genau sollen diese höheren Ebenen sein? Jede höhere Ebene strapaziert die Vorstellungskraft stärker. Beginnen wir mit Ebene II.

Im Wesentlichen ist ein Ebene-II-Multiversum ein Objekt, das kontinuierlich »Blasen« erzeugt, die Ebene-I-Multiversen. Diese könnten aber ganz verschiedene Charakteristiken haben. Während ein Ebene-I-Multiversum überall einer ähnlichen Physik gehorcht, könnten die Blasen in einem Ebene-II-Multiversum mit jeweils vollkommen anderen physikalischen Konstanten ausgestattet sein – und mehr oder sogar weniger Raumzeitdimensionen beherbergen.

A Hinter dem Ebene-II-Multiversum steht die Überlegung, dass es ein mehrdimensionales kosmischen Rohmaterial gebe, aus dem kontinuierlich neue und immer anders geartete Raumzeitblasen aufsteigen.

B Über das Schicksal der Raumzeitblasen entscheidet ihr jeweiliger Mix aus Dimensionen und physikalischen Konstanten. Manche kollabieren schon im Moment ihrer Entstehung, andere reißen beim Aufblähen alles auseinander. Nur wenige bieten die Bedingungen für stabile Materie.

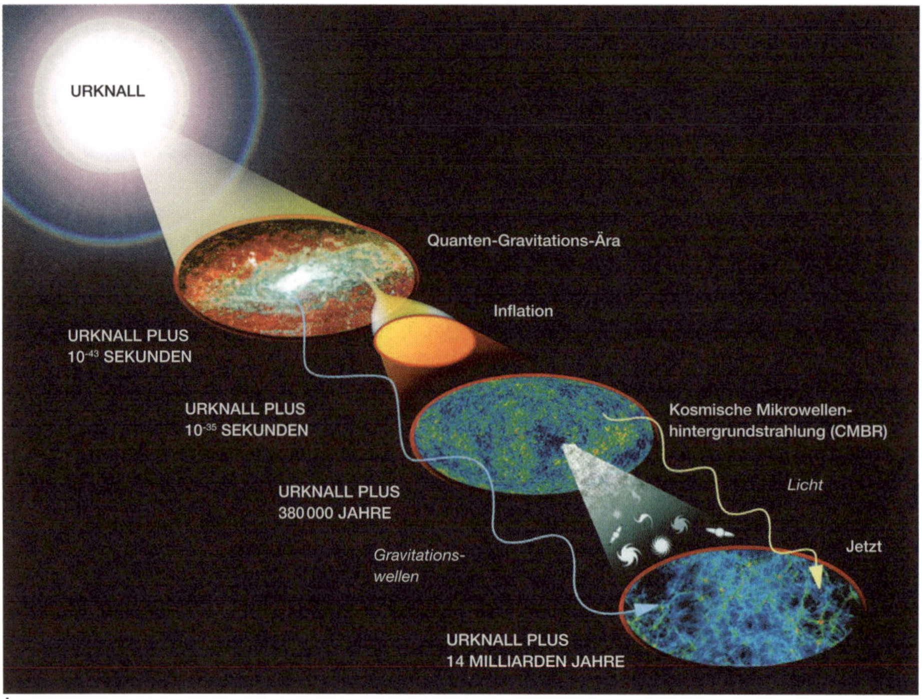

A

Dass es ein Ebene-II-Multiversum geben könnte, wurde aus der Erkenntnis abgeleitet, dass ganz am Anfang unseres Universums, 10^{-35} Sekunden nach dem Urknall, sich ein winziger Teil, so groß wie ein kleines Atom, explosionsartig bis auf etwa Milchstraßengröße aufblähte. Diese Expansion, die Inflation genannt wird, endete bei etwa 10^{-33} Sekunden.

Die Inflationstheorie wurde von Kosmologen wie **Alan Guth** in den Vereinigten Staaten und **Andrei Linde** in Russland um 1980 in die Urknalltheorie eingebaut und dann weiterentwickelt. Sie sollte eine Reihe von Unstimmigkeiten zwischen den Vorhersagen der Originaltheorie und dem beobachteten jetzigen Zustand im Universum beheben.

Vor allem aber erklärte sie die großskaligen Strukturen im Universum und nichts weniger als unsere eigene Existenz. Wie wir gelernt haben, ballten sich unter dem Einfluss der Gravitation auf die dunkle Materie bereits Strukturen zusammen, noch bevor die kosmische Mikrowellenhintergrundstrahlung (CMBR) gebildet wurde. Wäre der Urknall aber rein nach Isaac Newtons kosmologischem Prinzip verlaufen (siehe Kapitel 3), hätte sich die Materie absolut gleichförmig verteilen müssen.

Woher kam nun die leichte Massenkonzentration? Deren Gravitation zog erst dunkle, dann leuchtende Materie zu einem kosmischen Netz aus Filamenten und Voids zusammen. Die Keime dazu könnten, so die Inflationstheorie, entstanden sein, als sich im ganz jungen Universum winzige Unregelmäßigkeiten, die nach den Regeln der Quantenphysik unvermeidbar sind, sehr plötzlich vergrößerten. Somit wäre unser gesamtes beobachtbares Universum, mitsamt dem weiteren Ebene-I-Multiversum, in einer einzigen, atomgroßen Region eines breiteren Urknalls entsprungen. Mittlerweile ist diese These weithin (wenn nicht sogar allgemein) akzeptiert, aber sie lässt Fragen offen: Was hat das ausgelöst, und warum geschah dies nur mit unserem Teil des Universums?

Alan Guth (*1949) Der Kosmologe Guth ist für seine These über die Inflation bekannt, die er 1980 als Lösung für verschiedene Probleme der damaligen Urknalltheorie vorstellte.

Andrei Linde (*1948) Der russisch-amerikanische Physiker Linde entwickelte die Ideen zum Phasenübergang im frühen Universum, die Guths Inflationstheorie inspirierten. Daraus entwickelte Linde die Theorie des inflationären Multiversums.

A Direkt nach dem Urknall waren für das Universum in einer kurzen Ära alle Kräfte in einer einzigen, alles kontrollierenden Superkraft vereint. Von diesem Universum blähte die Inflation einen kleinen Teil zu all dem auf, was wir heute kennen. Allerdings können wir mit Lichtwellen nur bis zum kosmischen Mikrowellenhintergrund zurückblicken. Vielleicht lassen die neu entdeckten »Gravitationswellen« die Astronomen mehr über die Bedingungen in der Ära der Quantengravitation erfahren.

B Subatomare Teilchen unterliegen den Kräften des Elektromagnetismus und der starken und schwachen Wechselwirkung. Sind es nur wenige Teilchen, scheinen sie aber »immun« gegen die Gravitation zu sein.

B

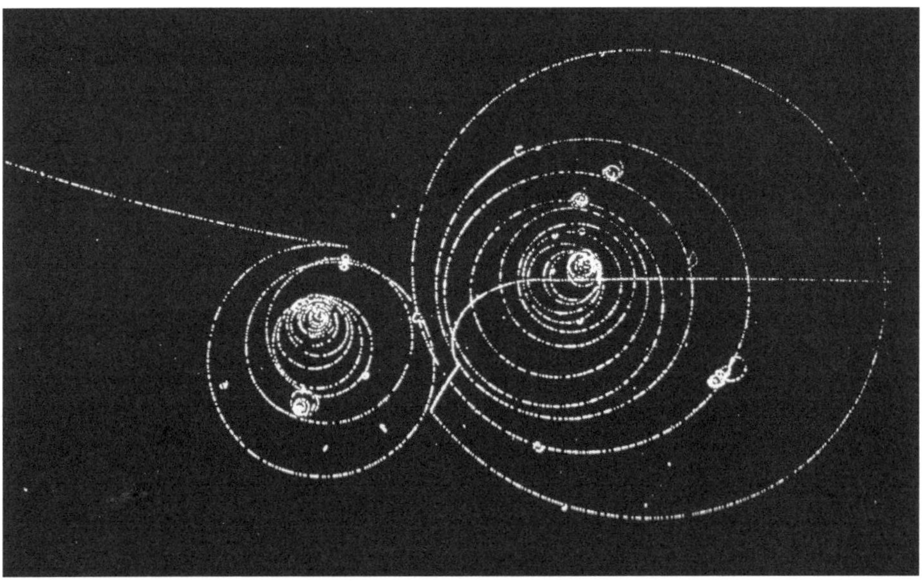

A

B

C

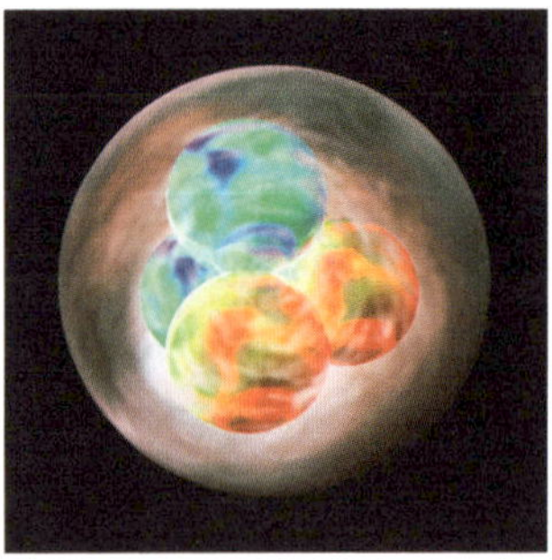

A Große Masseansammlungen schaffen Schwerefelder; auf dieser Karte sind die Orte höchster Gravitation gelb, orange und rot eingezeichnet.

B Elektromagnetische Felder entstehen durch Teilchen mit elektrischer Ladung. Das komplexe Magnetfeld der Erde produziert der Stromfluss im Erdkern. Diese Computersimulation zeigt die Erzeugung des Magnetfelds der Erde (den Geodynamo). Vertikal liegt die Rotationsachse der modellierten Erde. Die magnetischen Kraftlinien verdeutlichen das 3D-Feld. Blaue Farbe bedeutet nach innen gerichtetes Feld, goldene Farbe nach außen. Am Entstehungsort, dem flüssigen Erdkern, ist das Feld viel stärker und komplizierter aufgebaut.

C Die starke und schwache Wechselwirkung sind viel stärker als der Elektromagnetismus oder die Gravitation, haben aber nur eine extrem kurze Reichweite und halten die Teilchen im Atomkern zusammen.

D In einem Sekundenbruchteil des Urknalls teilten sich die Kräfte auf. Die Reihenfolge dieser Aufspaltung können die Physiker selbst heute noch zurückverfolgen.

Als Triebkraft für die Inflation gilt unter den Kosmologen ein Ereignis namens »Phasenumwandlung«. Gewaltige Energiemengen wurden frei, als sich in den ersten Augenblicken nach dem Urknall die Ur-»Superkraft« in die vier **fundamentalen Wechselwirkungen** aufspaltete. Vertraut sind uns die sicht- und fühlbaren Zustände von Materie – die feste, flüssige und gasförmige Anordnung von Atomen oder Molekülen, wie sie in Eis, Wasser und Dampf vorliegen. Für einen Physiker kann aber so ziemlich alles eine Phase sein, das eine Anordnung aufweist.

Jede Phase einer Substanz enthält einen bestimmten Betrag an Energie. So ist der Materiezustand »fest« eine relativ energiearme Phase, in der die einzelnen Teilchen sich nicht viel bewegen. Sehr rasch bewegen sich die Teilchen dagegen in der energiereichen Gasphase. Um von einer Phase zur anderen zu gelangen, muss entweder Energie zugeführt oder abgeführt werden: Der Stoff enthält mehr oder weniger »latente Wärme«: Ein Topf mit kochendem Wasser benötigt Energie (die »Verdampfungswärme«), um die Bindungen zwischen den Molekülen aufzulösen und diese in die Dampfphase zu bringen. Und beim Einfrieren muss Energie abgeführt werden (die »Schmelzwärme«), damit die Wassermoleküle stabile Bindungen im Eis eingehen können.

Auch für die vier Fundamentalkräfte könnte es eine solche Phasenumwandlung gegeben haben, so die beliebteste Erklärung der Inflationstheorie. Eine Arbeitshypothese in der modernen theoretischen Physik besagt, dass unter extremen Bedingungen (wie in der enormen Hitze in der ersten Sekunde des Urknalls oder kurzzeitig bei den Kollisionen in den heutigen Teilchenbeschleunigern) das Verhalten unter diesen Kräften zunehmend identisch wird. Die elektromagnetische und die schwache Wechselwirkung vereinen sich zur »elektroschwachen Wechselwirkung«. Dazu gesellt sich nach der »großen vereinheitlichten Theorie« noch die starke Wechselwirkung. Die Gravitation mit ihren Eigentümlichkeiten entzieht sich jedoch dieser Vereinheitlichung und dürfte nur im allerersten Moment der Schöpfung zu den anderen Kräften gehört haben.

Mit jeder abgetrennten Kraft änderte sich die Phase der Ur-»Superkraft«, die auf einen immer energieärmeren Zustand zurückfiel. Dies setzte unglaubliche Energiemengen frei. Und dies hat wohl die Inflation angetrieben.

Sie mögen jetzt mit Recht fragen, was genau die Inflation und ihre Triebkraft mit den Multiversen zu tun hat. Die Antwort liegt in einer radikalen Theorie von Linde aus dem Jahr 1983: Was wäre, wenn die Inflation natürlicherweise und ständig abläuft, überall, jederzeit?

D

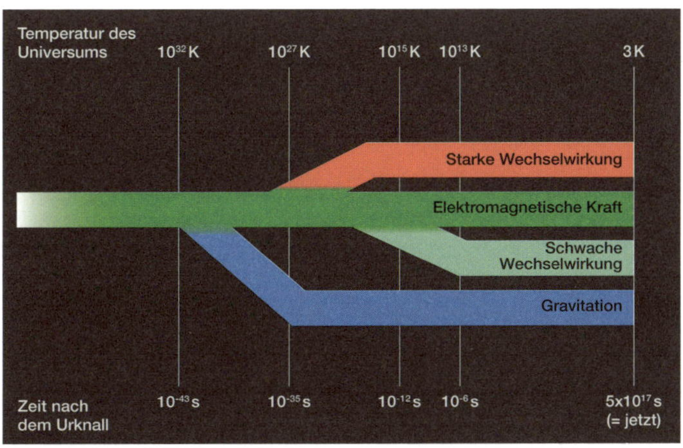

Fundamentale Wechselwirkungen (auch Fundamentalkräfte) Die Kräfte, die zwischen Materie im Universum wirken: Elektromagnetismus, Gravitation sowie die starke und die schwache Wechselwirkung, die den Atomkern zusammenhalten.

A

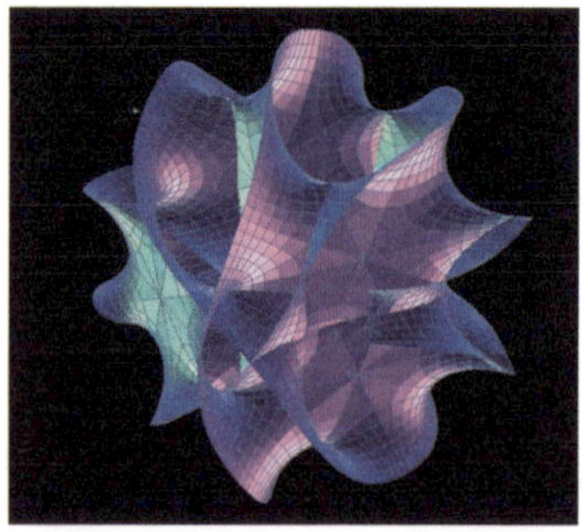
B

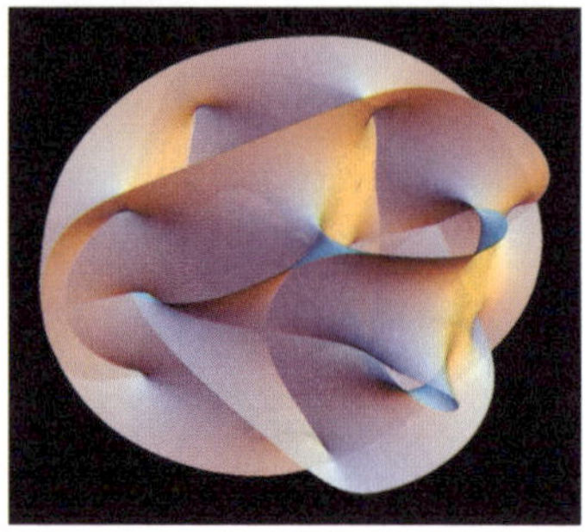
C

Linde begründete seine Idee einer chaotischen oder ewigen Inflation mit der Annahme, dass nicht nur Materie und Kräfte Phasen haben können, sondern auch die Raumzeit selbst. Alle vereinheitlichenden Theorien zu den fundamentalen Wechselwirkungen versuchen ebenfalls die Anzahl der verschiedenen Elementarteilchen zu erklären, aus denen unsere Materie aufgebaut ist. Dafür werden häufig zusätzliche Raumdimensionen herangezogen.

Die sogenannten »Stringtheorien« behandeln Teilchen als unvorstellbar kleine Fäden (oder Saiten, »Strings«) aus Energie, die in (normalerweise) zehn Dimensionen schwingen. Je nach »Oberton« (Schwingungsmodus, wie bei einer Violinsaite) hat der String verschiedene Eigenschaften. Das mag schwer vorstellbar sein, aber die sechs zusätzlichen Dimensionen jenseits der normalen Raumzeit zählen als weitere »Richtungen« im Raum, die ebenfalls rechtwinklig zu den anderen stehen. Sehen können wir sie selbst auf subatomarer Größenskala nicht; sie sind aufgewickelt. So wie wir einen Ball in weiter Entfernung als Punkt sehen, erscheint uns die Struktur aus den weiteren Dimensionen, die »Mannigfaltigkeiten«, einfach als Punkt.

Das Ebene-II-Multiversum beruht nun auf der Idee, dass unsere vertraute Dimensionalität nur eine unter vielen Phasen ist, jede mit ihrem eigenen charakteristischen Energieniveau (der »Vakuumenergie« des Raumzeitgewebes – in unserem eigenen Universum wäre dies die dunkle Energie). Wird eine bestimmte Raumzeitphase instabil, können spontan neue Phasen entstehen, wie Bläschen in einer Sektflasche. Je nachdem, wie viel Vakuumenergie die neue Phase im Vergleich zu ihrer Umgebung hat, kollabiert diese Blase entweder sofort oder sie wird größer. Wenn die neue Phase eine höhere Vakuumenergie hat als die Ursprungsphase, kann diese Region mit den neuen Bedingungen exponentiell, also mit immer höherer Geschwindigkeit wachsen. Dann entspringt ein neues inflationäres Universum aus einem älteren.

A Stringtheorien ziehen eine Parallele zwischen den Schwingungs-»Moden« von stehenden Wellen (z. B. den Obertönen auf einem Saiteninstrument) und der Quantelung von subatomaren Eigenschaften (z. B. den definierten elektrischen Ladungswerten von Teilchen).

B Sollten Strings wirklich existieren, so müssen es komplexe, in vielen Dimensionen schwingende Objekte sein. Die zusätzlichen Dimensionen sind aufgerollt und deshalb nicht wahrnehmbar.

C Diese Computersimulation versucht eine Vorstellung davon zu geben, wie eine vieldimensionale Calabi-Yau-Mannigfaltigkeit (eine mögliche Anordnung von höheren Dimensionen in einem String) als dreidimensionales Modell aussehen könnte.

D Sollte die Stringtheorie zutreffen, dann wäre das gesamte Universum mit Strings durchzogen. Sämtliche kosmische Materie und Energie wären Strings.

D

A

M-Theorie Versuch, die verschiedenen Stringtheorien zu vereinigen. Demnach gibt es vieldimensionale Raumzeitstrukturen namens »Branen«. Zwischen den Branen befinden sich in einer »abgerollten« Extra-Raumdimension winzigste Abstände.

Loop-Quantengravitation Vereinheitlichende Theorie, die nur vier Raumzeitdimensionen benötigt, aber einen auf winzigster Größenskala »gekörnten« Raum aus ineinander verflochtenen und unteilbaren Schleifen vorsieht.

Lindes Idee beantwortete mit einem Schlag die leidige Frage, was vor dem Urknall war und was ihn ausgelöst hat. Unser Universum (ein Ebene-I-Multiversum) ist demnach nur eines in einer unendlichen Abfolge von einander erschaffenden und gelegentlich konkurrierenden Universen. Während in den Ebene-I-Multiversen mehr oder weniger die gleichen Bedingungen vorherrschen, könnten sich in den Blasen einer Ebene-II-Struktur die Anzahl der Dimensionen oder die Werte für die Naturkonstanten stark unterscheiden.

Natürlich ist eine Grundvoraussetzung für die gesamte Theorie, dass es die Extradimensionen gibt. Das ist bislang nicht bewiesen worden.

Die Stringtheorie ist nicht die einzige physikalische Theorie, die eine Vereinheitlichung versucht.

B

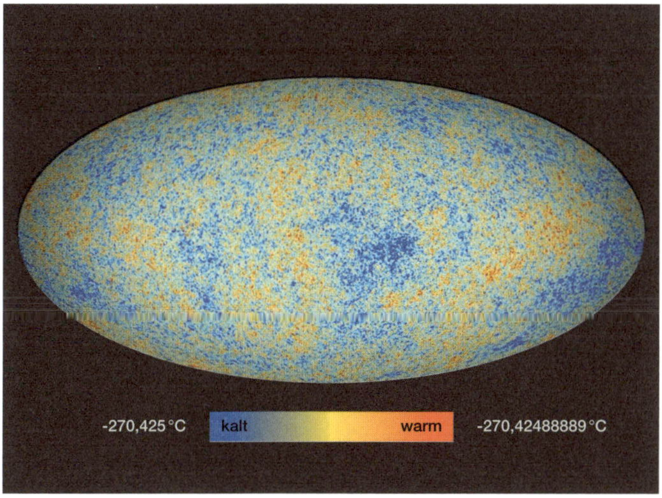

A Nach der M-Theorie sollten Kollisionen zwischen benachbarten Branen auf einer Zeitskala von Billionen Jahren neue Urknalle hervorrufen.

B Die kosmische Mikrowellenhintergrundstrahlung (CMBR) ist der entfernteste beobachtbare Teil des Universums. Dort wären wahrscheinlich Beweise für andere, uns beeinflussende Ebene-II-Multiversen zu finden.

C Ein kosmisches Erwachen könnte sich in der CMBR als ringartige Struktur manifestieren, wie rechts in der Simulation zu sehen.

Während manche Alternativtheorien ebenfalls mit höheren Dimensionen arbeiten (zum Beispiel die 11-dimensionale **M-Theorie**), versuchen andere, wie die **Loop-Quantengravitation**, so etwas gerade zu vermeiden.

Ewige Inflation mag wie Fantasie klingen, wäre aber (zumindest theoretisch) beweisbar. So könnte eine andere Raumzeitblase mit unserer eigenen zusammenstoßen und eine Art »kosmisches Erwachen« auslösen. Verschiedene Eigenschaften unseres Universums wären betroffen, zum Beispiel die Verteilung der CMBR. Das könnte sich als leicht wärmerer Ring manifestieren, wie ihn unsere heutigen Beobachtungstechniken vielleicht gerade nicht mehr nachweisen können. Je intensiver die Astronomen jedoch nach den Strahlungsrelikten der Urzeit suchen, desto höher stehen die Chancen auf einen solchen Nachweis.

C

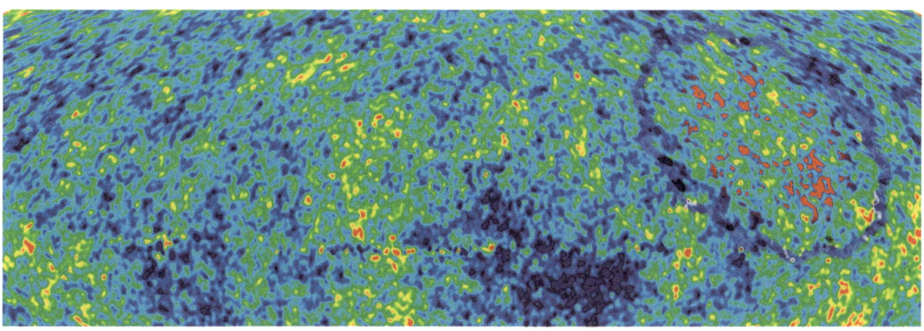

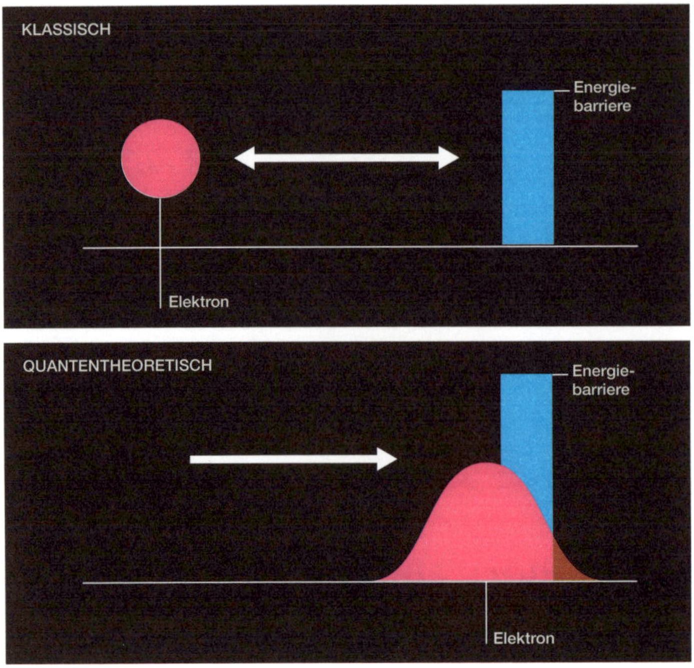

A

A (Oben) In der klassischen Physik würden die in einem radioaktiven Atom entstehenden Teilchen an einer unüberwindlichen »Potenzialbarriere« am Rand des Kerns zurückgeworfen werden: Radioaktiver Zerfall wäre unmöglich. (Unten) Die »verschmierte« Quantenwellenfunktion ergibt eine kleine, aber messbare Wahrscheinlichkeit, dass das Teilchen durch die Potenzialbarriere auf die andere Seite »tunnelt«, sodass radioaktiver Zerfall stattfinden kann.

B Die Quantenwellenfunktion hat eine komplexe Form in mindestens drei Dimensionen. Wie jede Wellenart zeigt sie Interferenzmuster, die die Aufenthaltswahrscheinlichkeit für das Teilchen an einem Ort erhöhen und an einem anderen verringern.

Ob Ebene-II-Multiversen nun existieren oder nicht – die nächsthöhere Ebene eines Multiversums wird jedes natürliche Konzept von »Form«, dem wir uns bislang noch verbunden fühlen, vollständig auf den Kopf stellen. Das Ebene-III-Multiversum entstammt der erstaunlichen Welt der Quantenphysik, genauer gesagt der »Viele-Welten-Interpretation« 3von **Hugh Everett III** Mitte der 1950er-Jahre.

Die Quantenphysik ist die Physik des Allerkleinsten, der subatomaren Teilchen. Eine maßgebliche Erkenntnis der Quantenphysik vor etwa hundert Jahren war der Welle-Teilchen-Dualismus. Demnach haben Objekte wie Elektronen (die für uns eigentlich Teilchen sind) auch Welleneigenschaften. Klare Teilcheneigenschaften wie Position oder Impuls bleiben wellenartig und unbestimmt – bis wir sie durch Beobachtung »messen«.

Dies erklärt Phänomene wie den **radioaktiven Zerfall**. Wann ein einzelnes Atom zerfällt, ist unvorhersagbar. Nach den Regeln der Wahrscheinlichkeit ist aber bekannt, wie viele Atome in einer Probe in einer bestimmten Zeit zerfallen werden. Außerdem erklärt das Wellenwesen eines Teilchens auch seine Fähigkeit zum »Tunneln«. Tunnelnde Teilchen gelangen durch die Energiebarriere, die den Kern zusammenhält, nach außen – was nach klassischer Physik unmöglich ist. Die Quantenphysik gibt dem Teilchen aber eine Wahrscheinlichkeit von wenig über null, dass es sich auch jenseits der Barriere aufhalten kann.

Die Quantenphysik ist unbestreitbar real; sie bildet die Grundlage für moderne Technologien wie Elektronik und Laser. Das Universum quantenphysikalisch verstehen zu wollen, überstrapaziert aber jedes natürliche Empfinden. Für unser normales Leben reicht gewöhnlich die klassische Physik: Dinge geschehen, oder sie geschehen nicht, und diffuse Wahrscheinlichkeiten dienen höchstens dazu, einen bestimmten Ausgang vorherzusagen.

B

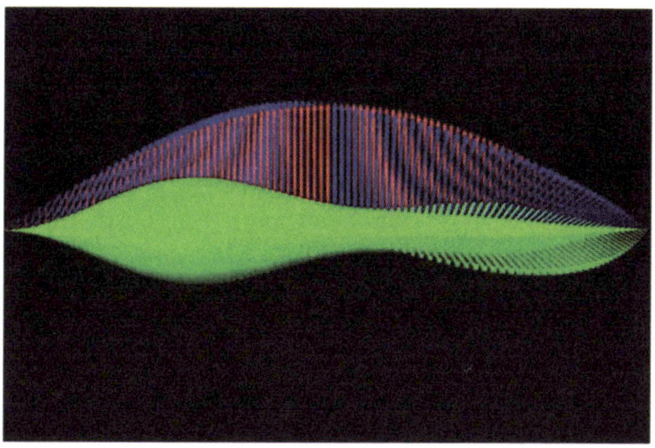

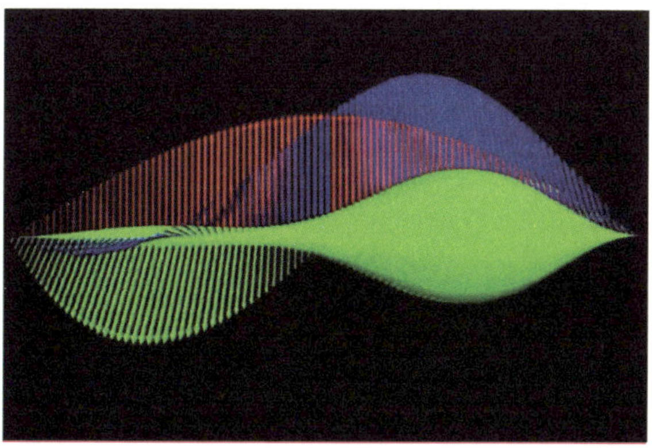

Hugh Everett III (1930–1982) Der US-amerikanische Physiker formulierte 1956 die Viele-Welten-Interpretation der Quantenmechanik in seiner Doktorarbeit. Wegen der harschen Kritik an seinen Ideen verließ er die akademische Welt und ging in die Industrie – erst Ende der 1970er-Jahre begannen sich Physiker mit seiner Viele-Welten-Theorie ernsthaft auseinanderzusetzen.

Radioaktiver Zerfall Ein instabiler Kern eines bestimmten Atoms wandelt sich in einen stabileren Zustand um. Weil dabei meist subatomare Teilchen den Kern verlassen, entsteht ein neues Element.

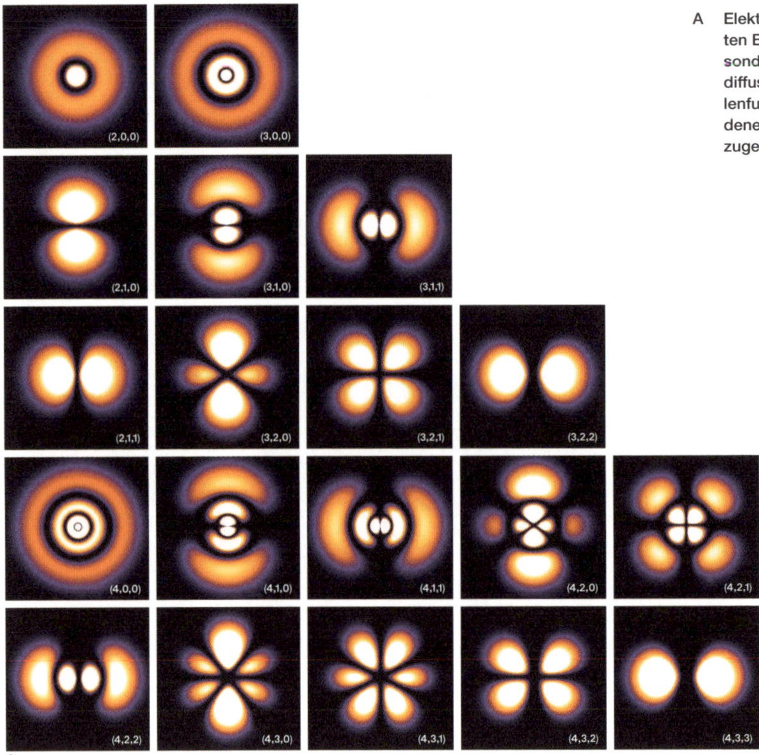

A

A Elektronen kreisen nicht auf festen Bahnen um ihren Atomkern, sondern besetzen »Orbitale«, diffuse Hüllen, die von der Wellenfunktion definiert werden und denen eine bestimmte Energie zugeordnet ist.

Mit verschiedenen Deutungen oder »Interpretationen« versuchen die Physiker, die Lücke zwischen der Quanten-Unschärfe und dem Determinismus der Alltagserfahrung zu schließen.

Die wichtigste und berühmteste ist die Kopenhagener Interpretation, die von den Vorreitern der Quantentheorie Niels Bohr (1885–1962), Werner Heisenberg (1901–1976) und anderen Mitte der 1920er-Jahre formuliert wurde. Sie besagt, dass die genauen Eigenschaften von Teilchen wegen des Unschärfeprinzips nur durch Beobachtung oder Messung zugänglich sind.

Schrödinger, dessen **»Wellengleichung«** das Herzstück der Quantenphysik bildet, formulierte sein berühmtes Gedankenexperiment als Entgegnung der Kopenhagener Interpretation: Eine Katze, eine kleine Menge radioaktives Material und ein Giftbehälter seien in einem Kasten eingeschlossen. Tritt ein radioaktiver Zerfall ein, so öffnet ein Sensormechanismus den Giftbehälter. Bei Zerfallswahrscheinlichkeit von 50 Prozent für die Dauer des Experiments säße im Kasten eine zu 50 Prozent tote Katze.

Weil das gesamte Experiment von einem Phänomen abhängt, das den Regeln der Quantentheorie gehorcht, so Schrödinger, müsse gemäß der Kopenhagener Interpretation das gesamte System – die radioaktive Probe, der Vergiftungsmechanismus und die Katze – so lange in einem ungewissen Zustand verharren, bis der Kasten geöffnet und der Status der radioaktiven Probe gemessen wird (oder, allgemeiner, die Folgen des aktuellen Zustands sichtbar werden). In anderen Worten müsste während des gesamten Experiments die Katze nach dem **Superpositionsprinzip der Quantenmechanik** gleichzeitig sowohl tot als auch lebendig sein.

Natürlich wusste Schrödinger, dass ein solches Experiment grausam und nicht zielführend wäre, denn man kann das System nicht »während« der Versuchsausführung beobachten, ohne es damit zu beenden. Aber durch die absurde Vorstellung einer zwischen zwei Zuständen gefangenen Katze wollte er die Kopenhagener Deutung infrage stellen.

Wellengleichung Eine Gleichung, die den Wellencharakter eines Teilchens beschreibt, zum Beispiel die Wahrscheinlichkeit, dass es sich an einem bestimmten Ort aufhält oder eine bestimmte Energie hat.

Superpositionsprinzip der Quantenmechanik Überlagerung von zwei oder mehr Wellenfunktionen, die jeweils verschiedene mögliche Zustände eines Teilchens oder eines sonstigen Quantensystems beschreiben, zu einer komplexen Wellenfunktion.

B

C

B Auf einem Foto während der Konferenz in Kopenhagen 1930 sind (erste Reihe links) die Vorreiter der Quantenphysik Niels Bohr und Werner Heisenberg zu sehen.

C Schrödingers berühmtes Gedankenexperiment beschreibt eine Katze, die zur gleichen Zeit tot und lebendig ist.

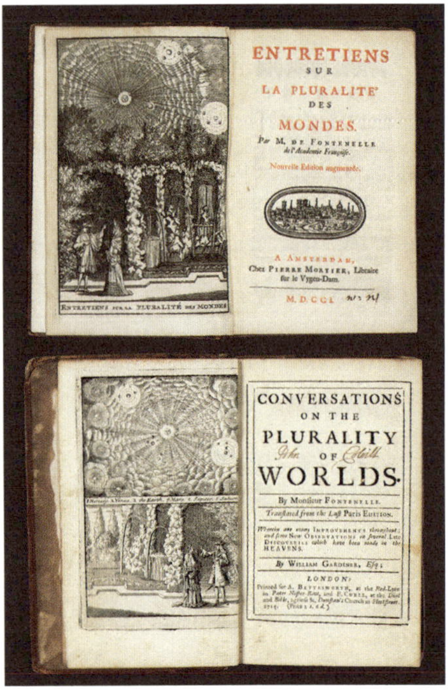

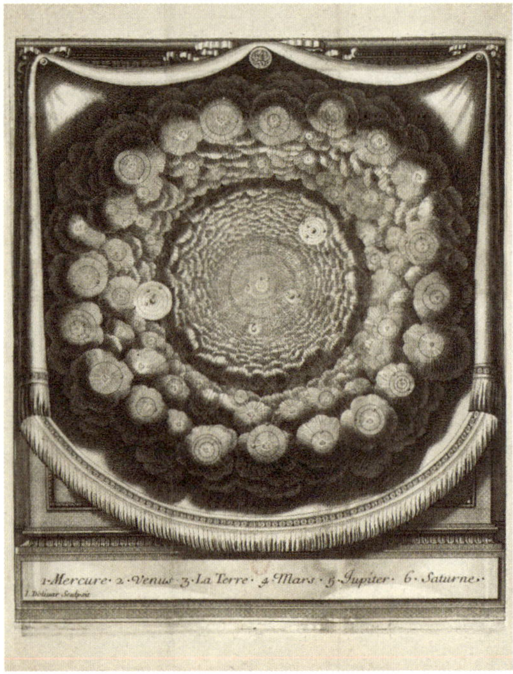

A

Die Physiker näherten sich dem Problem auf mehreren Wegen. So werde sich das Unschärfeproblem vielleicht irgendwie natürlich lösen, weil jenseits der subatomaren Größenskala seine Effekte nicht mehr sichtbar seien. Oder das Universum »wüsste« den Ausgang von Quantenereignissen irgendwie schon im Voraus und nehme ihnen daher auf lange Sicht die Unschärfe. Am bekanntesten ist aber wahrscheinlich Everetts Lösung, vor allem wegen der haarsträubenden Konsequenzen.

Everett meinte, dass die beiden Möglichkeiten von Quantenereignissen zu einer Aufspaltung des Universums in zwei Szenarien führten, ein Universum für jedes Ergebnis mitsamt seinen Folgen. Demnach sei auch Schrödingers Katze niemals in diesem Zwischenzustand, weil uns das Quantenereignis, der radioaktive Zerfall, in entweder das eine oder andere Universum stoßen würde (eines, in dem die Katze überlebt, das andere, in dem sie stirbt). Die beiden Universen brechen auseinander wie ein angerissenes Stück Papier, an dem von beiden Seiten gezogen wird, und verlassen das Geschehen mit Lichtgeschwindigkeit.

Die Viele-Welten-Interpretation bedeutet eine unendliche Anzahl von Paralleluniversen, von denen jedes selbst ein Multiversum niederer Ebene sein könnte. Seit dem Urknall hätte jedes einzelne Quantenereignis seinen eigenen Satz an sich verzweigenden Universen erschaffen. Ein solches Ebene-III-Multiversum hätte die Struktur eines Baumes, nur dass noch der kleinste Zweig sich immer weiter **fraktal** verzweigt.

Damit lautet die nächste Frage: Wo sind die anderen Versionen unseres Universums?

Fraktal Eine mathematische Struktur wie eine Gleichung oder geometrische Figur, die »selbstähnlich« ist, deren Muster sich immer kleiner werdend immer wiederholt.

B

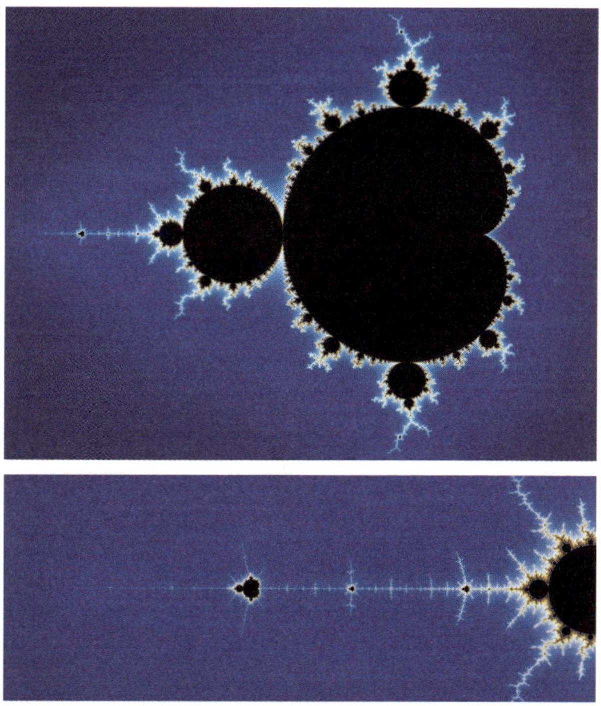

A In seinem Buch ***Entrétiens sur la pluralité des mondes (Gespräche über die Vielzahl der Welten)*** **beschrieb der französische Essayist Bernard de Fontenelle 1686 treffend dieses Gefühl der Ohnmacht, das einen im Angesicht der Unbedeutendheit der eigenen Welt in dieser unendlichen Vielzahl möglicher Welten befällt.**

B **Die Mandelbrot-Menge ist ein berühmtes Fraktal: Sie illustriert, wie die Umrisse der Figur, die durch eine vermeintlich einfache mathematische Gleichung beschrieben werden, beim genaueren Hinsehen durch »Selbstähnlichkeit« unendlich komplex werden.**

A

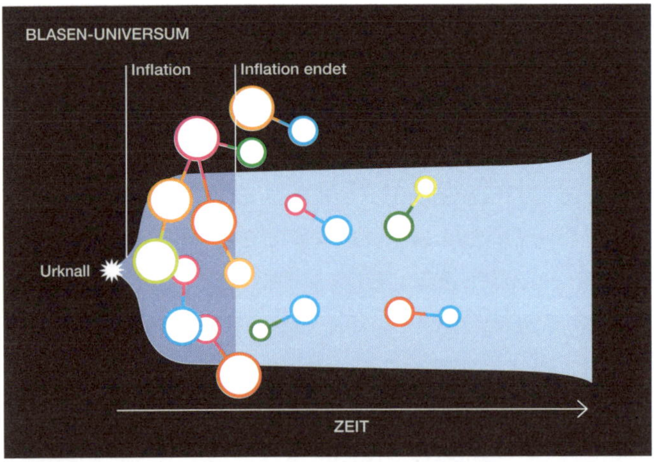

B

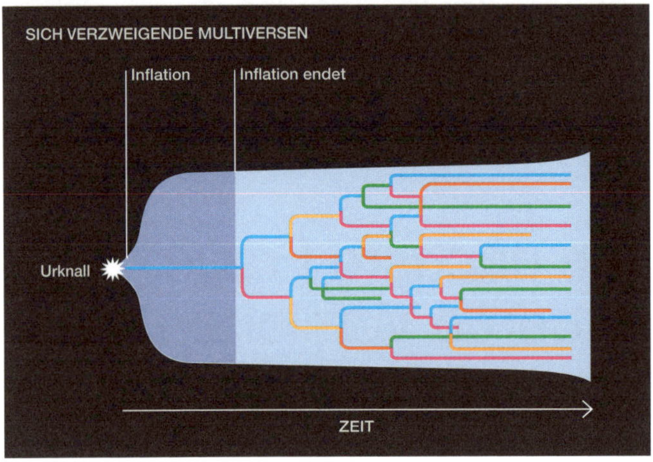

A Das Ebene-II-Multiversum entsteht aus »Blasen« aus Raumzeit, die dem kosmischen Schaum des Urknalls entspringen. Für die einzelnen Blasen-Universen ist die Inflation zu Ende, aber unter den richtigen Bedingungen können neue Blasen entstehen.

B Das Ebene-III-Multiversum entsteht durch eine kontinuierliche Verzweigung von Quantenwahrscheinlichkeiten. Ein solcher Prozess könne nach Meinung einiger Physiker aber erst nach Ende der Inflation einsetzen; in diesem Fall wäre ein solches Multiversum zwar unvorstellbar groß, aber nicht wirklich unendlich.

C Im Jahr 1891 beschrieb David Hilbert eine bemerkenswerte fraktale Kurve, die unter einfachen Ausgangsbedingungen jeden beliebigen endlichen Raum mit einer potenziell unendlich langen Linie füllen kann.

Sie existieren tatsächlich genau in der gleichen Raumzeit, die auch für uns gilt. Die Viele-Welten-Interpretation begreifen die meisten Physiker eher als Aussage, dass sämtliche möglichen Ergebnisse eines Quantenereignisses in unserem Multiversum vorhanden sind; nicht Schrödingers Katze schwebe in einem Überlagerungszustand, sondern wir selbst befänden uns auf einem bestimmten Zweig einer unendlich vielfältigen Realität (und dass die Realität genauso ist wie sie ist, habe gute Gründe – zum Beispiel müssen wir ja auf einem Zweig sitzen, der unsere Existenz ermöglicht. Andernfalls gäbe es uns als bewusste Beobachter ja gar nicht.

Die Wellenfunktion für ein solches Multiversum kann nur in Form eines »Hilbert-Raums« beschrieben werden, einer mathematischen Struktur mit einer sehr großen (vielleicht unendlichen) Zahl an Dimensionen. In diesem Fall sind die Dimensionen aber nicht Raumdimensionen im herkömmlichen Sinne. Ein »echter« Hilbert-Raum ist das Multiversum nur in der Version weniger »Realisten«, nach denen sich das Universum ständig tatsächlich in neue physikalische Realitäten verzweigt.

Die Unterscheidung von Überlagerung und multipler physikalischer Realität deutet bereits das abstrakteste Multiversum von allen an, das Ebene-IV-Multiversum. Tegmark nennt es »mathematisches Universum«: Es sei kein physikalisches, sondern ein mathematisches Objekt. Aus ihm entsprängen sämtliche anderen Multiversen.

c

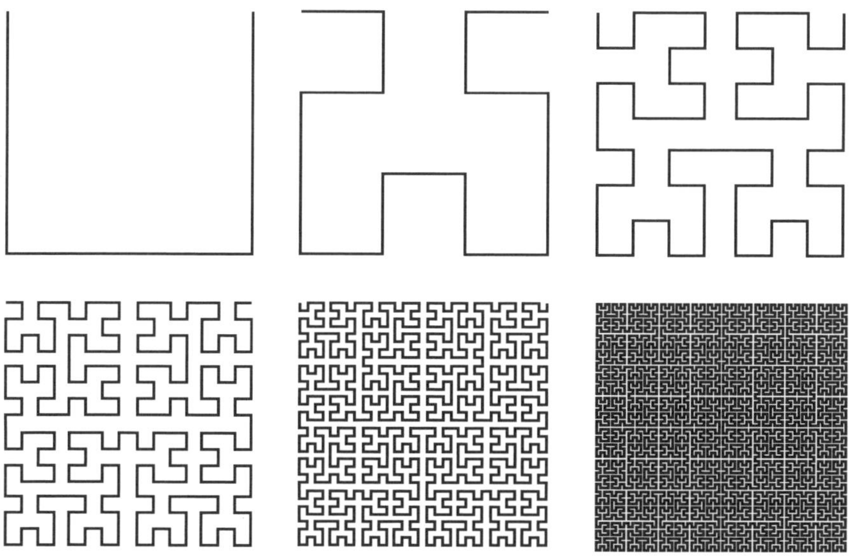

Dies klingt jetzt mehr nach sturer Mathematik, aber es hat auch eine alarmierende Botschaft: Wenn sich das Universum rein mathematisch beschreiben lässt, könnte es ein ausreichend leistungsfähiger Computer dann nicht berechnen? Manche Wissenschaftler und Philosophen meinen, ja – und wir, die wir Teil dieser Simulation wären, wären unmöglich in der Lage, es von der Wirklichkeit zu unterscheiden.

A René Descartes' *Meditationen über die erste Philosophie* (1641) beginnen mit der Gedankenfigur eines »bösen Geists«, der unsere Wahrnehmung der Welt um uns herum nur vorspiegele. Trotz der Möglichkeit eines solchen Dämons sagt Descartes weiter, dass es menschliches Denken geben müsse und baut darauf ein komplexes metaphysisches Modell des Universums auf.

B Der Film *Matrix* (1999) erforscht die Idee von Realität als von einem ausgeklügelten Computerprogramm erschaffene Illusion. Für einen Science-Fiction-Streifen ist das eine raffinierte Handlung, die aber nach Meinung mancher Philosophen näher an der Wirklichkeit liegen könnte, als uns lieb ist.

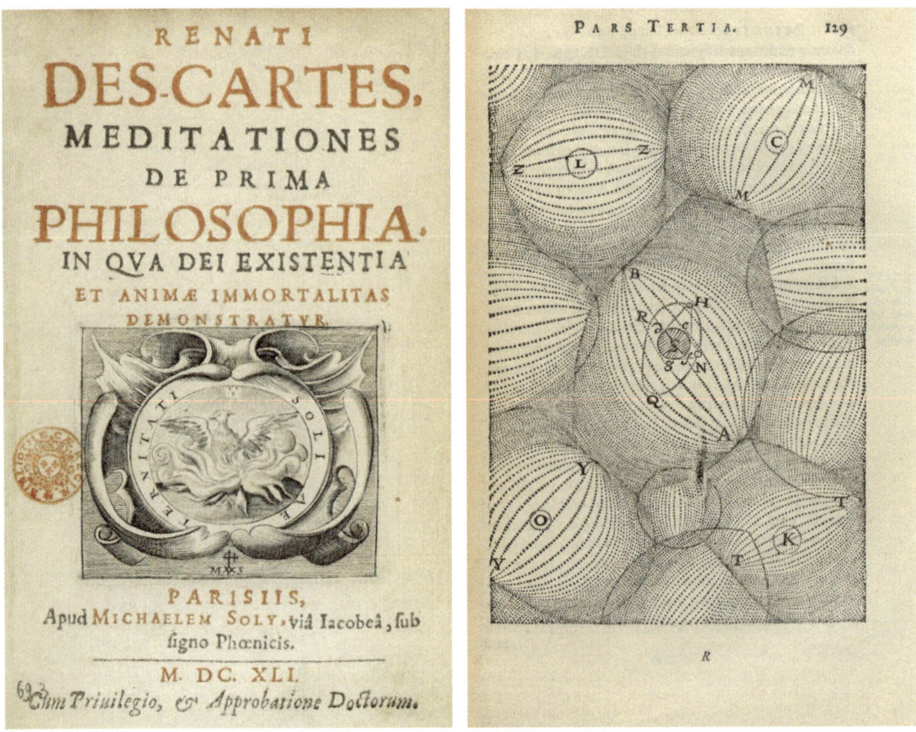

A

B

Ob wir unserer Alltagserfahrung des Universums wirklich trauen können, beschäftigt die Philosophie schon seit Langem – seit den Überlegungen des französischen Philosophen René Descartes (1596–1650), dass vielleicht ein »böser Geist« seine Sinne mit der Illusion einer Außenwelt täuschen wolle. In jüngerer Zeit waren solche Gedanken Gegenstand von Science-Fiction-Filmen wie *Matrix* (1999).

Kurz nach dem einflussreichen Film fanden Philosophen beunruhigend überzeugende Gründe dafür, dass wir tatsächlich in einem mathematisch simulierten Multiversum leben könnten. Die Idee ist einfach: Sollte eine fortschrittliche Zivilisation im »echten« Universum irgendwann die Fähigkeit und das Interesse entwickelt haben, solche Simulationen durchzuführen, dann würde das Multiversum sehr bald viel mehr simulierte Einheiten haben als reale. Ohne diese jemals unterscheiden zu können, müssten wir einfach akzeptieren, dass wir wahrscheinlich unser simuliertes Selbst sind. Diese »Simulations-Hypothese« sei aber unwissenschaftlich, weil sie nicht widerlegt werden könne, wenden andere Philosophen und Wissenschaftler ein. Auch könne ein Computer rein aus Kapazitätsgründen niemals ein echtes Multiversum simulieren.

Ob wahr oder nicht, Multiversen heben die Frage nach der Form des Universums auf ein ganz neues Komplexitätsniveau. Auch die zukünftige Entwicklung des Kosmos und das Verständnis unseres eigenen Platzes in ihm hängt mit diesen Multiversen zusammen.

Schlussfolgerungen

A

Die scheinbar einfache Frage nach der Form des Weltraums hat uns von der antiken Erdzentriertheit bis zur modernen Erkenntnis geführt: Wir sind wohl tatsächlich das Zentrum, nämlich das unseres eigenen beobachtbaren Universums. Ansonsten aber sind wir, wie der US-amerikanische Astronom Carl Sagan (1934–1996) bezeichnend formulierte, nicht bedeutender als ein »Staubkorn am Morgenhimmel«.

Auf unserer Mission haben wir gesehen, wie die Gravitation die Raumzeit krümmt, und überzeugende Beweise dafür gefunden, dass es im Universum viel mehr dunkle Materie gibt als unsere sicht- und fühlbare Materie. Aber selbst alle kosmische Masse zusammen produziert nicht genügend Gravitation, um zu verhindern, dass die rätselhafte dunkle Energie den Weltraum immer schneller auseinanderreißt.

Nach derzeitiger Erkenntnis ist das Universum zum jetzigen Zeitpunkt »flach« – nach allen Seiten gleichförmig und gerade.

Und mit großer Sicherheit erstreckt es sich bis weit über die Grenze unseres Sehens hinaus, tief hinein in ein unerreichbares und unendliches Ebene-I-Multiversum (auch ohne letztgültigen Beweis der anderen Multiversen, die wir in Kapitel 4 kennengelernt haben).

Das letzte Wort ist aber wahrscheinlich noch nicht gesprochen. In den vergangenen Jahrhunderten hat sich unser Verständnis des Kosmos so stark gewandelt, dass kaum jemand sagen wird, wir wüssten bereits alles. Um die dunkle Materie und dunkle Energie türmen sich immer noch Rätsel auf – zuoberst liegt die Frage, ob die dunkle Energie nun ewig an Stärke zunimmt oder vielleicht doch irgendwann an Schwung verliert, sich gar umkehrt und wieder kleiner wird.

B

C

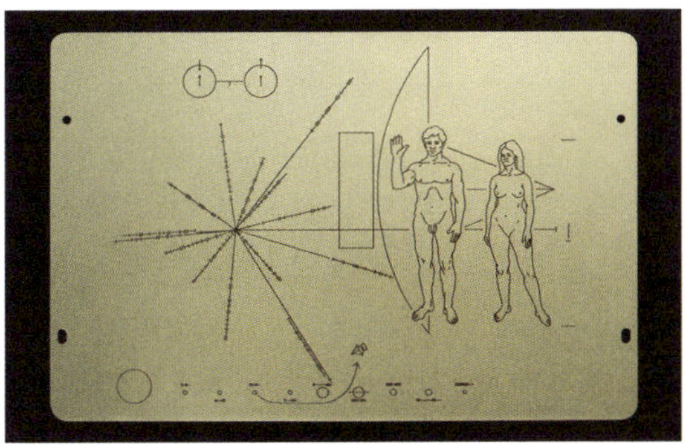

A Bilden sich solche Spiralsysteme wie unsere Milchstraße zufällig? Mit ihrer Sternfülle fördern sie die Entstehung von komplexem intelligentem Leben. Oder greift da etwas aktiv ein? Liegt es einfach an der Mechanik des Multiversums?

B Carl Sagan hat in seinen Büchern und Fernsehserien Generationen an tiefgreifende Fragen über Universum, Leben und Intelligenz herangeführt.

C Sagan und sein Wissenschaftlerkollege Frank Drake verfassten die erste Botschaft der Menschheit an die Sterne, eine goldplatinierte Plakette, die von den Anfang 1970 gestarteten Raumsonden Pioneer-10 und Pioneer-11 auf ihrer Reise aus dem Sonnensystem heraus ins All mitgenommen wurde.

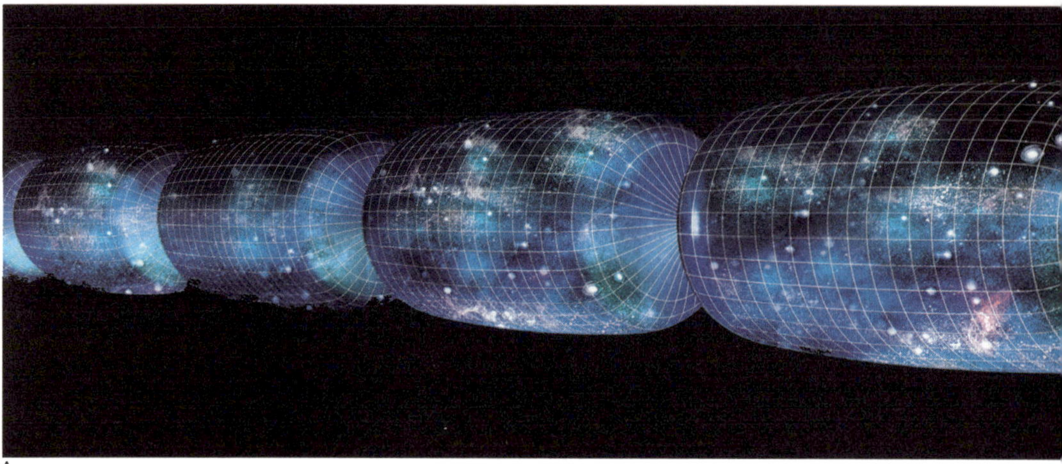

A

Alternative Theorien zur Gravitation versuchen durchaus, die beobachteten Phänomene des Universums auch ohne dunkle Materie oder dunkle Energie herzuleiten (sie spielen aber momentan keine große Rolle).

Die Frage, welche Form der Weltraum hat, mag zunächst einmal rein akademisch von Interesse sein. Indessen ist sie direkt mit anderen fundamentalen Fragen verknüpft. So wollen wir wissen, wie es mit dem Universum weitergeht und welchen Platz Leben im Allgemeinen (und unser Leben im Besonderen) dort einnimmt.

In Kapitel 3 haben wir uns ausführlich mit der Dichte von Materie im Universum beschäftigt und wie sie – zusammen mit der dunklen Energie – lokal die Raumzeitkrümmung und insgesamt die Form des Weltraums beeinflussen kann. Grob gesagt kann das Universum je nach Dichte entweder geschlossen kugelförmig, offen sattelförmig oder krümmungslos flach sein. Nicht erwähnt wurde bislang, dass die Form nicht nur die jetzige Geometrie, sondern auch die künftige Entwicklung bestimmt.

A Ein zyklisches Universum durchläuft Phasen der Expansion und Kontraktion, wobei jede Expansion ununterscheidbar von der Geburt eines ganz neuen Universums ist.

B Die drei wahrscheinlichen Zukünfte des Universums, wenn es offen ist (Expansion auf ewig, rosa), flach (die Expansion wird immer langsamer, blau) oder geschlossen (die Expansion kehrt sich irgendwann um). Einige Kosmologen nennen den Anfang des Universums den Alphapunkt, und das Ende (sollte es eines geben) den Omegapunkt.

C Wenn die fundamentalen physikalischen Konstanten jedes neuen Universums rein zufällige Werte annehmen können, ist die Wahrscheinlichkeit, dass ein bestimmtes Universum die Voraussetzungen für Leben bietet, astronomisch klein.

Ein geschlossener Kosmos ist nicht nur einfach zum heutigen Zeitpunkt endlich. Er kann auch nicht ewig weiterwachsen. Irgendwann zieht die Gravitation, die der Ausdehnung nach dem Urknall entgegenwirkt, alles wieder zusammen. Irgendwann in ferner Zukunft wird das Universum immer dichter, die Temperatur steigt an, und alles versinkt wieder in einem überheißen, überdichten Zustand, dem »Big Crunch« oder »Endknall«. Ein solcher Kollaps geschieht vielleicht erst in Jahrbillionen. Vielleicht gibt es dann einen neuen Urknall mit neuer Raumzeit (eine neue Phase in einem endlosen **zyklischen Universum**), auf jeden Fall wäre es aber definitiv das Ende des Universums, wie wir es kennen.

Zyklisches Universum Nach dieser Theorie ist unser Universum nur eines in einem ewigen Kreislauf. Mit jedem neuen Urknall entsteht ein neues Universum.

B

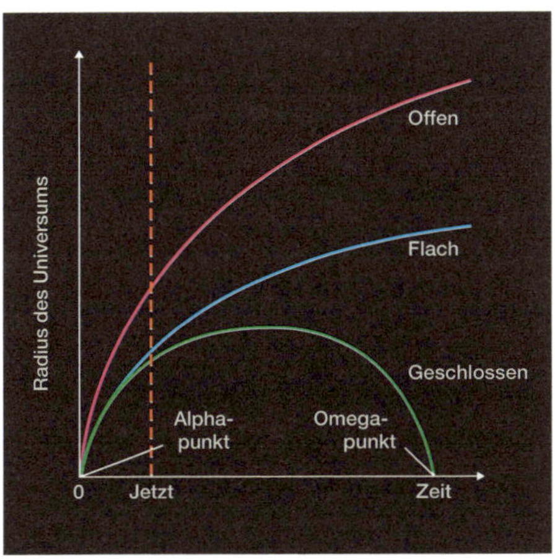

C

A

Ist unser jetziges Universum dagegen offen, wird die Gravitation niemals stärker sein als die Expansion – nichts kann die rasend schnell auseinanderfliegenden Objekte zurückholen. Der Weltraum dehnt sich ewig aus. In diesem Szenarium endet das Universum als kalter, dunkler, toter Raum, dem »Big Chill«, der »Großen Kälte«. Immer einsamer driften die Galaxien dahin, während allmählich der Brennstoff für die Kernfusion der Sterne zur Neige geht. Die Himmel verdunkeln sich, mit nichts mehr darin als den letzten, erkaltenden Resten von Sternen.

Früher nahm man an, dass ein uniformes – geometrisch flaches – Universum, das oberflächlich so ist wie das, in dem wir leben, genau auf der Grenze zwischen beiden Szenarien liegt. Ein solches Universum hätte genügend Masse, um die Ausdehnung zu bremsen, könnte sie aber nicht umkehren. Das Universum würde sich immer langsamer ausdehnen, letztlich aber den gleichen Big Chill erleiden wie das offene Universum.

Die Mikrowellenhintergrundstrahlung zeigte jedoch, dass nicht nur die Materie mit ihrer Masse, sondern vor allem die dunkle Energie unser Universum abflacht. Zusätzlich zur Energie, die sich schon im Weltraum befindet, treibt die dunkle Energie entgegen der Intuition dessen Ausdehnung an. Das bedeutet, dass ein Universum sowohl flach sein als auch expandieren kann, ohne je langsamer zu werden.

B

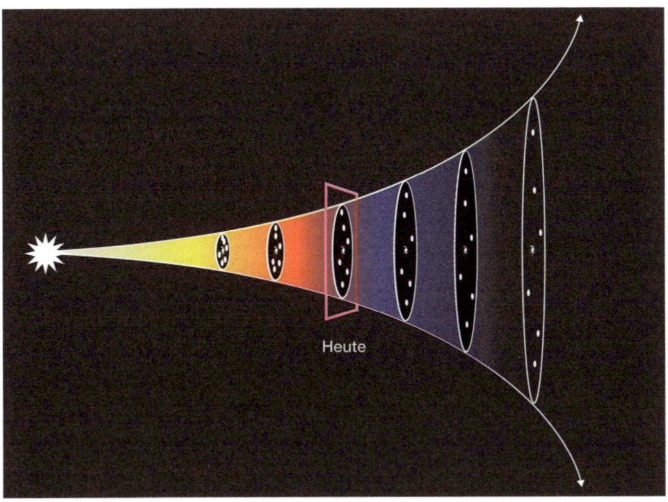

A Planetarische Nebel sind wunderschöne, aber kurzlebige kosmische Ringe aus Rauch, die von sterbenden Sternen ausgesandt werden. Übrig bleibt ein ausgebrannter Kern, der noch weitere Milliarden Jahre als weißer Zwerg glüht, letztlich aber auch langsam ausgeht, kalt wird und auseinanderbricht.

B Bei immer weiterer, immer schnellerer Ausdehnung durch die dunkle Energie verstreuen sich Materie und Wärmeenergie im Weltall. Das unvermeidliche Ende ist der Big Chill, die Große Kälte.

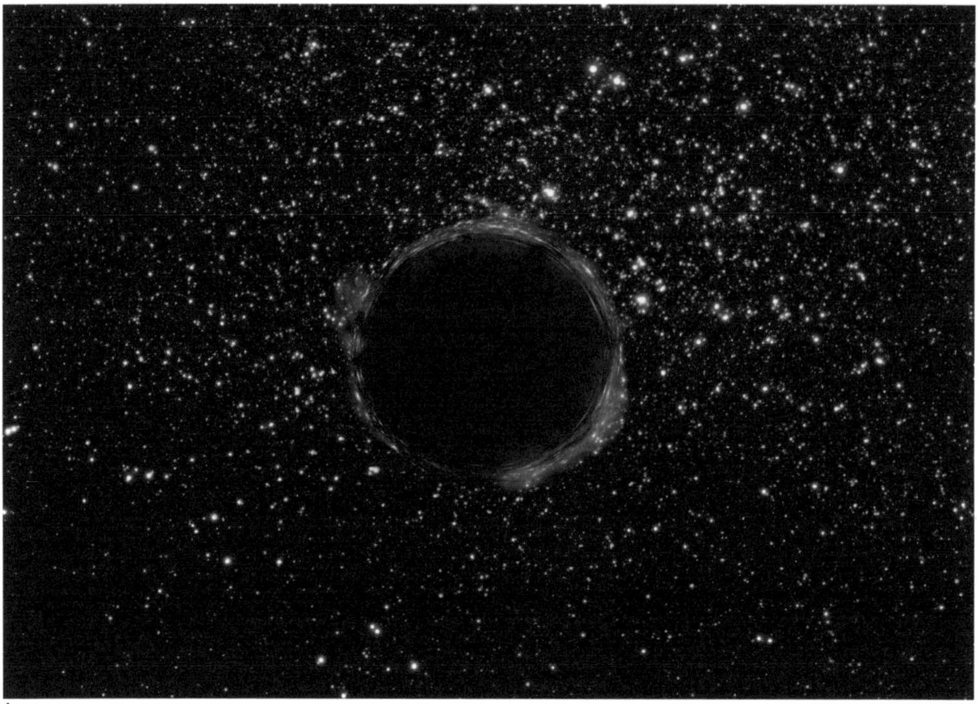

A

Offensichtlich ist das Universum mit fast absoluter Sicherheit einem Big Chill geweiht. Wegen der dunklen Energie und ihrer immer größeren Kraft im Lauf der kosmischen Geschichte ergibt sich aber noch eine andere, alarmierende Möglichkeit. Könnte die dunkle Energie dem Kosmos vielleicht keinen langsamen Kältetod, sondern ein ganz anderes, viel früheres Ende bescheren? Nach der Hypothese, dass alles in einem »Großen Zerreißen«, einem »Big Rip« enden könnte, **wächst** das Universum nicht gleichmäßig, sondern **exponentiell**.

Immer schneller und schneller wäre die Expansion, und die Anziehungskraft der Gravitation verlöre immer mehr an Einfluss, zuerst auf großer Längenskala, dann auf immer kleinerer Skala. Als erstes Anzeichen würde man die beschleunigte Expansion in den entferntesten Galaxien bemerken, wie man sie auch jetzt schon sehen kann. Dann wären auch nähere Galaxien von der Dehnung des Raums zwischen ihnen und uns betroffen. Unser **Laniakea-Superhaufen** würde anfangen sich aufzulösen, und selbst in unserer eigenen Galaxie könnte die Gravitation dem immer weniger entgegensetzen. Unser Sonnensystem würde zerfallen, genauso wie die Planeten selbst, wenn die dunkle Energie übermächtig wird. Zum Schluss, am Big Rip, dem großen Zerreißen, hat die dunkle Energie endgültig über die fundamentalen Kräfte gesiegt, die Moleküle und Atome zusammenhalten. Alles wird in subatomare Teilchen zerschreddert.

Exponentielles Wachstum
Eine Wachstumsrate, die im Verhältnis zum jetzigen Wert zunimmt (das Universum verdoppelt zum Beispiel seine Größe in x Jahren, dann wieder in ½ x und wieder in ¼ x Jahren).

Laniakea-Superhaufen
Die kosmische Großstruktur in unserer Nähe, eine grob 100 Millionen Lichtjahre lange Galaxienwolke, an deren einem Ende sich die Milchstraße befindet.

A Selbst die dichtesten Materieformen wie schwarze Löcher zerstreuen sich in ein Nichts in der Ewigkeit des Big-Chill-Kosmos.
B Der Big Rip ist exponentielles Wachstum auf der Längenskala des Weltraums infolge der immer stärker werdenden dunklen Energie. Zuerst macht sie sich auf der höchsten Größenskala bemerkbar und lässt die weit entfernten Galaxien immer schneller enteilen (was wir vielleicht jetzt schon sehen). Je stärker sie wird, auf umso kleineren Skalen spürt man die Auswirkungen.

B
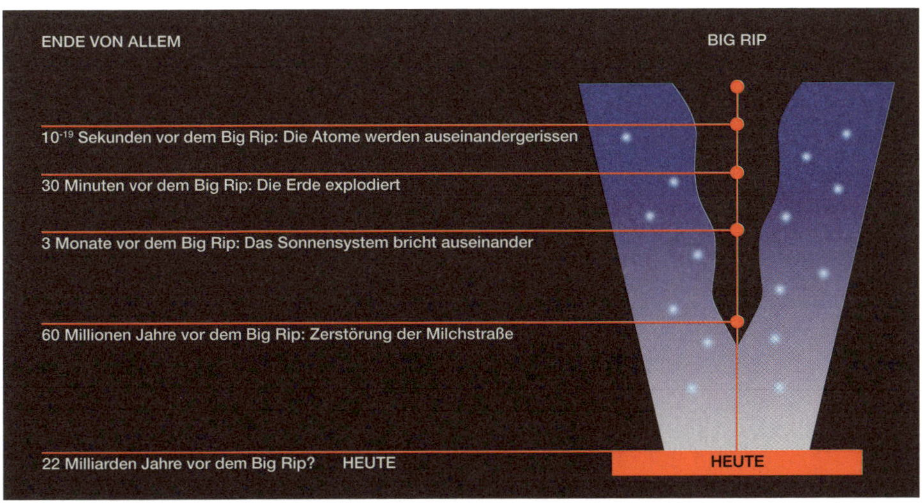

A

B

Konstante Eine Zahl, die die Stärke der Beziehung zwischen physikalischen Eigenschaften ausdrückt. Man geht davon aus, dass Konstanten (Naturkonstanten) überall im Universum den gleichen Wert haben.

Lösungsmittel Eine Flüssigkeit, in der Moleküle sich bewegen und für chemische Reaktionen einander begegnen können.

A Unser Planet, die Erde, bietet offensichtlich ideale Bedingungen für das Entstehen von Leben. Dennoch fragen sich Kosmologen: Warum ist das so?
B Leben gedeiht auf der Erde so prächtig, dass es während Jahrmilliarden unseren Planeten geologisch formte; ganze Gesteinsschichten bestehen aus den Resten alter Wälder.
C Mit Beschleunigern wie dem Großen Hadronen-Speicherring (LHC, *Large Hadron Collider*) am CERN wurde ex-perimentell bestätigt, dass stabile Materie – und somit letztlich Leben – nur bei sehr fein abgestimmten kosmischen Bedingungen existieren kann.

Könnte ein Big Rip wirklich geschehen?

Nach Auffassung von Physikern ist das nur dann möglich, wenn die dunkle Energie zu einer Art »Phantomenergie« mit negativer kinetischer Energie wird (der »Bewegungsenergie«, die alle Objekte mit normaler Bewegung haben). Wie schnell der Riss wächst, hängt außerdem von den Werten bestimmter kosmologischer **Konstanten** ab. Nach den Messungen von heute sollte eine solche totale Katastrophe wenn überhaupt, dann erst in vielen Dutzend Milliarden Jahren stattfinden. So, wie wir heute Form und Struktur des Universums verstehen, sollten unsere Nachkommen eher mit den Folgen der großen Kälte als mit dem Big Rip zu kämpfen haben, vor allem, wenn wir der Sonne eine Restdauer von nur wenigen Milliarden Jahren geben.

Auch ohne die Schicksalsfrage bringt uns die Kenntnis der Form des Universums eine frische Sicht auf die allergrößte Frage überhaupt – warum sind wir hier? Frappierend ist zum Beispiel, wie verdächtig »fein abgestimmt« alles sein muss, damit Leben entstehen kann.

Unter nur etwas anderen Voraussetzungen wäre Leben nicht möglich. Es ist an die Eigenschaften der Elementarteilchen und die Fundamentalkräfte gebunden. So wäre zum Beispiel bei nur etwas schwächerer elektromagnetischer Kraft der Temperaturbereich sehr viel kleiner, bei dem Wasser flüssig und stabil ist (und als **Lösungsmittel** für biologische chemische Reaktionen dienen kann). Ein paar Stellschrauben an der Gravitation gedreht, und schon könnten sich Planeten, Sterne und Galaxien entweder nicht verdichten oder gleich zum schwarzen Loch kollabieren. Bei veränderten Kernkräften liefe die Kernfusion anders ab, die Kraftmaschine der Sterne. Sterne würden kürzer leben oder vielleicht gar nicht erst anfangen zu leuchten.

c

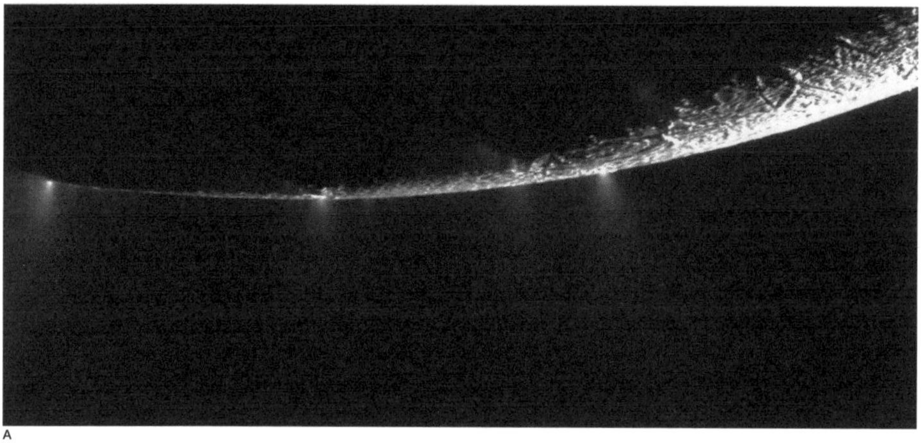
A

Einer dieser kosmischen Zufälle ist die Überzahl von baryonischer Materie gegenüber Antimaterie. Wäre es anders, so würden sich beide Materiearten in unserer Region im Universum gegenseitig annihilieren (auslöschen); dann könnte gar keine Materie existieren. Dass sich großformatige kosmische Strukturen bilden konnten, liegt an der dunklen Materie und ihrer Menge. Das Gleichgewicht von dunkler Energie, Materie und Anfangsstärke der kosmischen Expansion ermöglichte es, dass das Universum bereits seit Jahrmilliarden – und noch weiter – stabil ist.

Diese scheinbar erstaunlichen Zufälle erklären Astronomen mit einer einfachen, umfassenden Idee, dem »anthropischen Prinzip«. Erstmals 1973 von Brandon Carter formuliert, wurde es um 1980 von John D. Barrow und Frank Tipler (*1947) weiterentwickelt. Es gibt eine »schwache« und eine »starke« Ausprägung. Das schwache anthropische Prinzip besagt lediglich, dass wir uns gar nicht über ein so ausbalanciertes, lebensfreundliches Universum wundern sollten. Andernfalls wären wir selbst als Beobachter gar nicht da. Das starke anthropische Prinzip (nach Barrow und Tipler) geht deutlich weiter: Es bestehe sogar ein Imperativ zum Hervorbringen von Leben – und zwar wegen dieser wie auch immer gearteten Balance.

A Unter der Eiskruste des kleinen Saturnmonds Enceladus gibt es Ozeane mit flüssigem Wasser, das fontänenartig durch die Oberfläche bricht. Solche Ozeane könnten außerirdisches Leben in unserem eigenen Sonnensystemen zulassen.

B Unter der staubtrockenen Marsoberfläche wurde fließendes Wasser entdeckt. Auch dieser Ort könnte einfachem Leben ein Refugium bieten.

B

Annihilation (Auslöschung) Die direkte Umwandlung von Materie und Antimaterie in reine Energie, sobald sich beide Partikel begegnen.

Anthropisch Wörtlich: »auf Menschen bezogen«. Das anthropische Prinzip besagt, dass wir das Universum gar nicht richtig verstehen können, wenn wir nicht unsere eigene Existenz darin voraussetzen.

Brandon Carter (*1942) Der australische theoretische Physiker Carter formulierte im Jahr 1973 das anthropische kosmologische Prinzip in seiner ersten Variante. Demnach müssen wir bei der Interpretation von Beobachtungen unsere eigene Existenz im Universum mit berücksichtigen. Carter arbeitete auch wesentlich an den Theorien zu schwarzen Löchern und Neutronensternen mit.

John D. Barrow (*1952) Der britische Kosmologe Barrow ist Professor für mathematische Wissenschaften an der Cambridge University und bekannter Buchautor. Mit seiner Arbeit am anthropischen Prinzip lotet er die Grenzen zwischen Philosophie und Physik aus. Er ist bekannt für seine Aussage, dass ein verständliches, einfaches Universum eben keinen Geist hervorbringen würde, der es verstehen würde.

Drei Erklärungen haben Barrow und Tipler, wie ein starkes anthropisches Universum gebildet wird. Zum einen könnte etwas von außen bewusst lenken – eine außerdimensionale Intelligenz, die das Universum exakt so erschaffen hat, dass es lebensfreundlich ist. Ob dieses Etwas eine Gottheit nach konventioneller Vorstellung ist, ein mächtiges außerirdisches Wesen oder ein posthumaner Programmierer, der ein perfektes mathematisches Modell entwirft (wie es in Kapitel 4 beim Simulationsgedanken schon aufkam), würde außer aus theologischer Sicht keinen großen Unterschied machen.

Die beiden anderen Varianten des starken anthropischen Prinzips kreisen um die grundlegende Beobachtung von Form und Wesen des Kosmos. Eine Möglichkeit ist, dass das Universum vielleicht gar *nicht existieren könnte*, wenn es nichts darin gäbe, was es bewusst beobachten würde. Das klingt seltsam, ist uns aber in Kapitel 4 bei der Quantenphysik schon einmal begegnet: Wenn Quantenphänomene beobachtet werden müssen, um ein definitives Ergebnis zu liefern, könnte dann nicht das gesamte Universum auf ähnliche Weise in einem Zustand der Ungewissheit verharren, bis jemand es beobachtet? Als eine Art kosmische Schrödinger-Katze?

Um so faszinierender ist der Gedanke, dass dies nur eine mögliche Sicht der Viele-Welten-Interpretation ist – dass sich unzählige Universums-Quantenzustände »überlagern« und irgendwie zu dem Universum auflösen, in dem wir existieren. Wenn man die bewusste Beobachtung als wahren Auslöser nachweisen könnte, müssten wir akzeptieren, dass wir in der Tat in einem Ebene-III-Quanten-Multiversum leben.

A Einst haben unsere Vorfahren Sternbilder in den Himmel gezeichnet. Auch heute noch symbolisieren die Konstellationen, wie unsere Sicht des Universums unvermeidlich an unsere Position darin geknüpft ist. Tafeln mit Konstellationen aus *Ein himmlischer Atlas* von Alexander Jamieson, 1822

A

Nach der dritten Variante des starken anthropischen Prinzips wäre unser Universum nur eines von vielen, bei denen jede irgendwie geartete Möglichkeit ausgetestet wird. Diese Vorstellung erinnert an die Theorie des Ebene-II-Multiversums mit seiner chaotischen Inflation – dass der Kosmos eine ewig Blasen-Universen erzeugende Struktur sei und jede Blase ihre eigenen Dimensionen und Naturkonstanten enthalte. Viele Blasen wären leer und leblos, andere so instabil, dass sie schon gleich nach ihrer Bildung wieder kollabieren. Dass gerade »unsere« Blase bewohnbar ist, sei wiederum lediglich dem schwachen Prinzip geschuldet.

B

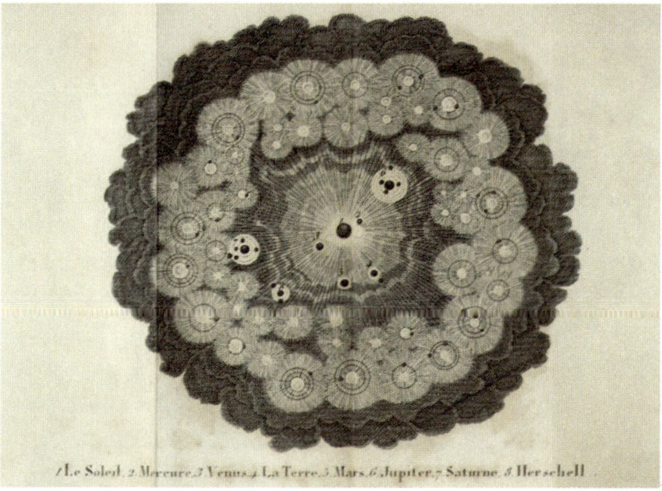

B Im 17. Jahrhundert stellte Bernard de Fontenelle die These auf, dass unser Universum nur eines unter unermesslich vielen in einer vielleicht unendlichen Pluralität von Welten sei. Die moderne Kosmologie sagt im Wesentlichen das Gleiche. Tafel aus den *Gespräche über die Vielzahl der Welten* von Bernard de Fontenelle, 1686

Im vergangenen Jahrhundert zeigte sich, dass die Form des Universums viel mehr bedeutet, als sich Kopernikus oder selbst Hubble jemals hätten vorstellen können. Verborgene Materie- und Energieformen wurden entdeckt, Ursprung und Ende des Kosmos ergründet und vielleicht sogar das Geheimnis des Lebens selbst gelüftet. Und bei all diesen exotischen Variationen, die sich aus der rätselhaften Beziehung von Gravitation und Materie ergeben, hat doch das für uns sichtbare Universum die einfachst vorstellbare Form!

Wäre das Universum nicht uniform und flach, dann sähe es so aus: Wir wären gar nicht da, um es zu betrachten.

Weiterführende Literatur

Amendola, Luca,
Dark Energy: Theory and Observations
(Cambridge: Cambridge University Press, 2010)

Barrow, John D. and Tipler, Frank J.,
The Anthropic Cosmological Principle
(Oxford: Oxford University Press, 1986)

Bartusiak, Marcia,
Einstein's Unfinished Symphony: The Story of a Gamble, Two Black Holes, and a New Age of Astronomy
(New Haven, Connecticut: Yale University Press, 2017)

Davies, Paul,
Der kosmische Volltreffer: Warum wir hier sind und das Universum wie für uns geschaffen ist
(Frankfurt: Campus, 2008)

Davies, Paul,
Mehrfachwelten: Entdeckungen der Quantenphysik
(München: Diederichs, 1981)

Einstein, Albert,
Über die spezielle und die allgemeine Relativitätstheorie
(Springer Verlag, 2009, 24. Aufl.)

Gilliland, Ben,
How to Build a Universe: From the Big Bang to the End of the Universe
(London: Philip's, 2015)

Gott, J. Richard and Vanderbei, Robert J.,
Sizing up the Universe
(Washington: National Geographic, 2011)

Greene, Brian,
Das elegante Universum: Superstrings, verborgene Dimensionen und die Suche nach der Weltformel
(München: Goldmann Verlag, 2005)

Guth, Alan H.,
Die Geburt des Kosmos aus dem Nichts: Die Theorie des inflationären Universums
(München: Droemer Knaur, 1999)

Hawking, Stephen,
Eine kurze Geschichte der Zeit
(Reinbek: Rowohlt Taschenbuch, 2011, 28. Aufl.)

Hawking, Stephen,
Das Universum in der Nussschale
(München: dtv, 2004)

Hoskin, Michael,
The Cambridge Illustrated History of Astronomy
(Cambridge: Cambridge University Press, 1997)

Jones, Mark H., Lambourne, Robert J., and Serjeant, Stephen (eds.),
An Introduction to Galaxies and Cosmology
(2nd revised edition, Cambridge: Cambridge – Open University, 2015)

Krauss, Lawrence M.,
The Greatest Story Ever Told – So Far
(New York: Atria Books, 2017)

Krauss, Lawrence M.,
A Universe from Nothing: Why There Is Something Rather than Nothing
(New York: Free Press, 2012)

Liddle, Andrew,
An Introduction to Modern Cosmology
(3rd edition, Chichester, West Sussex: John Wiley and Sons, 2015)

Panek, Richard, *The 4 Percent Universe: Dark Matter, Dark Energy and the Race to Discover the Rest of Reality*
(London: Oneworld Publications, 2011)

Rees, Martin, *Just Six Numbers: The Deep Forces that Shape the Universe*
(London: Weidenfeld & Nicolson, 1999)

Rovelli, Carlo,
Sieben kurze Lektionen über Physik
(Reinbek: Rowohlt, 2015)

Rovelli, Carlo,
Die Wirklichkeit, die nicht so ist, wie sie scheint: Eine Reise in die Welt der Quantengravitation
(Reinbek: Rowohlt, 3. Aufl. 2016)

Sagan, Carl,
Unser Kosmos. Eine Reise durch das Weltall
(München: Droemer Knaur, 1982)

Schilling, Govert,
Einsteins Ahnung: Das Rennen um den Nachweis der Gravitationswellen
(München: Piper, 2017)

Smoot, George und Davidson, Keay,
Das Echo der Zeit: Auf den Spuren der Entstehung des Universums
(München: Bertelsmann, 1995)

Sparrow, Giles,
50 Astronomy Ideas You Really Need to Know
(London: Quercus, 2016)

Sparrow, Giles,
The Universe: In 100 Key Discoveries
(London: Quercus, 2012)

Thorne, Kip S.,
Gekrümmter Raum und verbogene Zeit: Einsteins Vermächtnis
(Augsburg: Bechtermünz, 1999)

Weinberg, Steven,
Cosmology
(Oxford: Oxford University Press, 2008)

Bildnachweis

Der Verlag hat sich bemüht, alle Rechteinhaber ausfindig zu machen. Eventuelle Auslassungen werden wir bei entsprechendem Hinweis gerne in einer späteren Auflage korrigieren.
o = oben, u = unten, m = Mitte, l = links, r = rechts

2 DrHitch/Shutterstock.com

4–5 NASA, ESA, H. Teplitz und M. Rafelski (IPAC/Caltech), A. Koekemoer (STScI), R. Windhorst (Arizona State University) und Z. Levay (STScI)

6–7 Andreas Cellarius, *Harmonia Macrocosmica*, 1660

8–9 ESO/H.H. Heyer 10 Camille Flammarion, *L'Atmosphère: Météorologie Populaire*, 1888

11 Oliver Byrne, *The first six books of the Elements of Euclid*, 1847

12 Babak Tafreshi/National Geographic/Getty Images

13 British Library, Oriental Manuscripts, Add MS 7474/Qatar Digital Library

14–15 Andreas Cellarius, *Harmonia Macrocosmica*, 1660

16 Science History Images/Alamy Stock Photo 17 Johannes Kepler, Mysterium Cosmographicum, 1596

18–19 T.H. Jarrett (IPAC/SSC) 20 Illustration von Tim Brown

21 NASA, ESA, K. Sahu und J. Anderson (STScI), H. Bond (STScI und Pennsylvania State University), M. Dominik (University of St. Andrews) und Digitized Sky Survey (STScI/AURA/UKSTU/AAO)

21 NASA, ESA, K. Sahu und J. Anderson (STScI), H. Bond (STScI und Pennsylvania State University), M. Dominik (University of St. Andrews)

22 (alle) Friedrich Wilhelm Bessel, Zeichnungen des Halley'schen Kometen 1835, 1835

23 (beide) Individus Observantis

24 (alle) Galileo Galilei, *Sidereus Nuncius*, 1610

25 ESO/S. Brunier

26 William Parsons, *Whirlpool Galaxy*, 1845

27 (alle) Cecil G. Dolmage, *Astronomy of Today*, 1909

28 l Francis Gladheim Pease

28 r NASA, ESA und das Hubble Heritage Team (STScI/AURA)

29 Photo Ardon Bar Hama. © The Albert Einstein Archives, the Hebrew University of Jerusalem, Israel

30 o Case Western Reserve University, Cleveland, Ohio

30 u Illustration von Tim Brown

31 l Hermann Minkowski

31 r, 32 Illustration von Tim Brown

33 o (alle) NASA, A. Bolton (UH/IfA) für SLACS und NASA/ESA

33 m NASA, ESA, A. Bolton (Harvard-Smithsonian CfA) und das SLACS Team

33 mu ESA/Hubble und NASA

33 u NASA und ESA

34–35 Jon Morse (University of Colorado) und NASA

36 NASA, ESA, M. Livio (STScI) und das Hubble Heritage Team (STScI/AURA)

37 (alle) Isaac Newton, *Opticks: or, A treatise of the Reflections, Refractions, Inflections and Colours of Light*, 1730

38 o Lowell Observatory Archives, Flagstaff, Arizona/Joe Haythornthwaite

38 u Lowell Observatory Archives, Flagstaff, Arizona

39 o Chris North/Cardiff University

39 u Nigel Sharp (NOAO), FTS, NSO, KPNO, AURA, NSF

40 (alle) Illustrationen von Dan Streat

41 Jon Morse (University of Colorado) und NASA/ESA

42 l NASA/JPL-Caltech

42 r ESA/Hubble und NASA

43 l SSPL/Getty Images

43 r F. W. Dyson, A. S. Eddington, und C. Davidson, *A Determination of the Deflection of Light by the Sun's Gravitational Field, from Observations Made at the Total Eclipse of May 29, 1919*, 1920

44 (alle) Das SXS (Simulating eXtreme Spacetimes) Projekt

45 Archives Georges Lemaître, Université catholique de Louvain, Louvain-la-Neuve, Belgien

46 l Special Collections & Archives Department, Nimitz Library, U.S. Naval Academy, Annapolis, Maryland, USA

46 or, ur Illustration by Tim Brown

47 M. Blanton and SDSS

48 l Lars Lindberg Christensen

48 r 2dF Galaxy Redshift Survey

49 Two Micron All-Sky Survey

50 (beide) Illustration von Tim Brown

51 l Georges Lemaître, The Primeval Atom, 1950

51 r Fred Hoyle, The Nature of the Universe, 1950

52 l ESA/NASA/SOHO

52 r X-ray: NASA/CXC/RIKEN//D.Takei et al; Optical: NASA/STScI; Radio: NRAO/VLA

53 Bettmann/Getty Images

54–55 o NASA/CXC/M. Weiss

55 m COBE Project, DMR, NASA

55 mu NASA/WMAP Science Team

55 u ESA and the Planck Collaboration

56 NASA

57 o Lockheed Missiles and Space Company (Lockheed Martin)

57 ul NASA

57 ur NASA/ESA

58 NASA/ESA/Pontificia Universidad Católica de Chile

59 (alle) NASA, ESA, A. van der Wel (Max-Planck-Institut für Astronomie), H. Ferguson und A. Koekemoer (Space Telescope Science Institute) und das CANDELS Team

60o NASA/Desiree Stover

60 u NASA/MSFC//David Higginbotham

61 o ESA-Planck collaboration

61 u NASA/WMAP Science Team

62 (beide) Illustration von Tim Brown

63 Pablo Carlos Budassi

64–65 Science Photo Library/Getty Images

66 ol Science Photo Library

66 om, or, ml Kevin Rauch/Allan Davis/Science Photo Library

66 m, mr, ul, uc, ur Benjamin Bromley/Science Photo Library

67, 68 (alle) Illustration von Tim Brown

69 (alle) Instituut-Lorentz for Theoretical Physics, Universiteit Leiden, Niederlande

70 National Oceanic and Atmospheric Administration, USA

71 S. Maddox, School of Physics and Astronomy, University of Nottingham et al., APM Survey, Astrophysics, Department of Physics, University of Oxford

72–73 (alle) Jason Fletcher, Charles Hayden Planetarium, Museum of Science, Boston, USA

74 NASA/JPL-Caltech/University of Wisconsin

75 o NASA/ESA, The Hubble Heritage Team (STScI/AURA)

75 u NASA, ESA, M. Robberto (Space Telescope Science Institute/ESA) und das Hubble Space Telescope Orion Treasury Project Team

76 ol ESA/LFI und HFI Consortia

76 or MPI

76 ul NASA/ESA/DSS2 (Hintergrundsbild); ESA/LFI and HFI Consortia (Überlagerungsbild)

76 ur NASA/ESA/DSS2 (Hintergrundsbild); MPI (Überlagerungsbild)

77 (beide) NASA/JPL-Caltech

78 l NASA, ESA, und der Digitized Sky Survey 2. Davide De Martin (ESA/Hubble)

78 or NASA, ESA, und das Hubble Heritage Team (STScI/AURA)

78 ur Priyamvada Natarajan et al, doi.org/10.1093/mnras/stw3385

79 o Department of Terrestrial Magnetism, Carnegie Institution of Washington, Washington, D.C.

79 u Röntgenaufnahme: NASA/CXC/MIT/E.-H Peng et al; optisches Bild: NASA/STScI

80 ESO/Digitized Sky Survey 2

81 NASA Goddard/Jeremy Schnittman

82 Erde: NASA/BlueEarth; Milchstraße: ESO/S. Brunier; CMB: NASA/WMAP

83 Chris North/Cardiff University

84 NASA/WMAP Science Team

85 Illustration von Tim Brown

86–87 o (alle) NASA/Swift/S. Immler

87 u (alle) ESO/P.A. Woudt

88 Röntgenaufnahme: NASA/CXC/University of Texas/S.Post et al, Infrarotaufnahme: 2MASS/UMass/IPAC-Caltech/NASA/NSF89 (beide) Illustration von Tim Brown

90 o Prof. Justin Read und Dr Oscar Agertz

90 u (alle) Mark Vogelsberger

91 andrey_l/Shutterstock.com

92–93 Victor de Schwanberg/ Science Photo Library/ Getty Images

94 NASA, ESA, G. Illingworth (University of California, Santa Cruz), P. Oesch

(University of California, Santa Cruz; Yale University), R. Bouwens und I. Labbé (Universiteit Leiden) und das Science Team

95 picture-alliance/dpa/ akg-images

96 Illustration von Tim Brown

97 Max Tegmark, Angelica de Oliveira-Costa und Andrew Hamilton, space.mit.edu/home/tegmark/wmap.html

98 l CERN

98 r (beide) Lucas Taylor/ CERN

99 NASA Goddard/Aaron Kaase

100 Renate Sanscherowski

101 Moonrunner Design Ltd

102 NASA

103 CERN

104 o NASA/JPL/University of Texas Center for Space Research

104 m Das Computer-Modell, das diese Momentaufnahme des simulierten geomagnetischen Felds produzierte, entwickelten Gary A Glatzmaier (University of California, Santa Cruz) und Paul H. Roberts (University of California, Los Angeles)

104 u Science Photo Library/ Getty Images

105 Illustration von Tim Brown

106 l Courtesy trailfan

106 or Dr Eran Palti

106 ur Andrew J. Hanson

107 Mit freundlicher Genehmigung von parameter_bond

108 Nicolle R. Fuller/Science Photo Library

109 o ESA und die Planck-Collaboration

109 u NASA/WMAP Science Team

110 (beide) Illustration von Tim Brown

111 (beide) Steve Spicklemire, University of Indianapolis

112 (alle) PoorLeno

113 o SSPL/Getty Images

113 u Mit freundlicher Genehmigung von Jie Qi

114 (alle) Bernard Le Bovier de Fontenelle, *Gespräche über die Vielzahl der Welten*, 1686

115 o Wolfgang Beyer

115 u Michael Heasell

116 (beide) Illustration von

Tim Brown

117 Illustration von Tim Brown

118 l Bibliothèque Nationale de France, Paris

118 r Library of Congress, Washington D.C.

119 (both) CineMaterial

120-121 Mit freundlichor Genehmigung von Tim Brown und Giles Sparrow

122 NASA/A. Fujii

123 o Standbild aus Unser Kosmos, 1980

123 u Pioneer-Plakette: Grußbotschaft der Erdbewohner, Duane King, kingduane.com

124–125 a Claus Lunau/Science Photo Library

125 ul Illustration von Tim Brown

125 ur Mark Garlick/Science Photo Library

126 ol NASA, ESA, und C.R. O'Dell (Vanderbilt University, Nashville, TN)

126 or ESA/Hubble und NASA

126 ul NASA und The Hubble Heritage Team (STScI/ AURA)

126 ur Mike Herbaut und der ESA/ESO/NASA Photoshop FITS Liberator

127 Illustration von Tim Brown

128 NASA/ESA und G. Bacon (STScI)

129 Illustration von Tim Brown

130 o NASA

130 u Sentinel-Daten des Copernicus-Erdbeobachtungsprogramms (2016), prozessiert von ESA, CC BY-SA 3.0 IGO

131 CERN

132 NASA/JPL-Caltech/ Space Science Institute

133 NASA/JPL-Caltech/University of Arizona

134 (alle) US Naval Observatory Library

135 Bernard Le Bovier de Fontenelle, *Gespräche über die Vielzahl der Welten*, 1686

Cover: *vorn* NASA, ESA und D. Coe, J. Anderson und R. van der Marel (STScI); *hinten oben* SSPL / Getty Images; *hinten Mitte* NASA

Register

Verweise auf Illustrationen sind **fett** gedruckt.

Dank
Danke an Katja für die ständige Versorgung mit Tee und ihre Anteilnahme. Danke an meine Eltern John und Judy für ihre ständige Unterstützung.

Published by arrangement with
Thames & Hudson Ltd, London,
WHAT SHAPE IS SPACE?

General Editor Matthew Taylor
Text by Giles Sparrow
This edition first published in Germany in 2019 by
Dorling Kindersley Verlag GmbH, München

Für die deutsche Ausgabe:
Programmleitung Monika Schlitzer
Redaktionsleitung Dr. Kerstin Schlieker
Projektbetreuung Carola Wiese
Herstellungsleitung Dorothee Whittaker
Herstellungskoordination Ksenia Lebedeva
Herstellung Christine Rühmer

Übersetzung Dr. Roswitha Harrer
Lektorat Dr. Stephan Matthiesen

ISBN 978-3-8310-3856-5

Druck und Bindung DZS-Grafik, Slowenien

www.dorlingkindersley.de